DE LA MÊME AUTEURE

Pourquoi bloguer dans un contexte d'affaires, collectif sous la direction de Claude Malaison, Montréal, Isabelle Quentin Éditeur, 2007.
Les Web Services et leur impact sur le commerce B2B, collectif d'une publication scientifique dans la série Rapport Bourgogne du Cirano, Montréal, 2003.

Ses blogues :
www.michelleblanc.com
www.web-marketing-frog.blogspot.com
www.cote-givre.blogspot.com
www.femme-2-0.blogspot.com

Ses présences médias sociaux :
www.linkedin.com/in/michelleblanc
michelleblanc.myplaxo.com
www.flickr.com/photos/michel-leblanc
twitter.com/michelleblanc
slideshare.net/michelleblanc
friendfeed.com/blanc
dailymotion.com/michelleblanc
foursquare.com/user/michelleblanc

Devenez fan de Michelle Blanc sur Facebook :
http://bit.ly/fanmichelleblanc

MICHELLE BLANC
AVEC LA COLLABORATION DE
NADIA SERAIOCCO

LES MÉDIAS SOCIAUX 101

LE RÉSEAU MONDIAL
DES BEAUX-FRÈRES ET DES BELLES-SŒURS

Catalogage avant publication de Bibliothèque et Archives nationales du Québec et Bibliothèque et Archives Canada

Blanc, Michelle, 1961-
Les médias sociaux 101 : le réseau mondial des beaux-frères et des belles-sœurs
Comprend des réf. bibliogr.
ISBN 978-2-89644-001-6
1. Médias sociaux. 2. Web - Aspect social. 3. Communication électronique.
I. Seraiocco, Nadia. II. Titre. II. Titre: Médias sociaux cent un.
HM742.B52 2010   302.23'1   C2010-941690-2

Édition : Johanne Guay
Direction littéraire : Nadine Lauzon
Révision linguistique : Annie Goulet
Correction d'épreuves : Marie-Eve Gélinas
Couverture : Ann-Sophie Caouette
Grille graphique intérieure et mise en pages : Benoît Favreault
Photo des auteurs : © Isabelle Paille

Remerciements
Les Éditions Logiques reconnaissent l'aide financière du gouvernement du Canada par l'entremise du Fonds du livre du Canada pour leurs activités d'édition. Nous remercions le Conseil des Arts du Canada et la Société de développement des entreprises culturelles du Québec (SODEC) du soutien accordé à notre programme de publication. Gouvernement du Québec – Programme de crédit d'impôt pour l'édition de livres – gestion SODEC.

Tous droits de traduction et d'adaptation réservés ; toute reproduction d'un extrait quelconque de ce livre par quelque procédé que ce soit, et notamment par photocopie ou microfilm, est strictement interdite sans l'autorisation écrite de l'éditeur.

© Les Éditions Logiques, 2010

Les Éditions Logiques
Groupe Librex inc.
Une compagnie de Quebecor Media
La Tourelle
1055, boul. René-Lévesque Est
Bureau 800
Montréal (Québec) H2L 4S5
Tél. : 514 849-5259
Téléc. : 514 849-1388
www.edlogiques.com

Dépôt légal – Bibliothèque et Archives nationales du Québec et Bibliothèque et Archives Canada, 2010

ISBN : 978-2-89644-001-6

Distribution au Canada
Messageries ADP
2315, rue de la Province
Longueuil (Québec) J4G 1G4
Tél. : 450 640-1234
Sans frais : 1 800 771-3022
www.messageries-adp.com

Diffusion hors Canada
Interforum
Immeuble Paryseine
3, allée de la Seine
F-94854 Ivry-sur-Seine Cedex
Tél. : 33 (0)1 49 59 10 10
www.interforum.fr

À Bibitte Électrique, sans qui ce livre n'existerait pas.
Elle est mon phare, ma baie de tranquillité et mon soleil...

Sommaire

Préface ... XI

Introduction ... 15
    Le réseau mondial des beaux-frères et des belles-sœurs ... 15

Chapitre 1
La petite histoire du Web et des médias sociaux ... 21

    Les innovateurs du Web :
    ce que la porno nous a appris… ... 21

    Ce que le Web a changé :
    les marchés sont maintenant des conversations ... 23

    Pourquoi être sur le Web ? ... 24
    Un univers de possibilités… l'univers du Web ... 25
    Les différents types de blogues ... 27
    Quelques vedettes parmi les outils sociaux ... 28
    À go, on se lance dans les médias sociaux ! ... 33

    Les grands principes qui feront que vous serez bons
    (ou poches) sur les médias sociaux ... 36

    D'autres principes à considérer en ligne ... 39
    Les outils pour effectuer une veille en temps réel ... 40

    La mobilité : les médias sociaux, ça bouge toujours et
    tout le temps ! ... 42

Chapitre 2
**L'entreprise, le Web et les médias sociaux :
la peur de perdre le contrôle de son message** ... 43

    Le vrai risque avec le Web, c'est de ne pas y être ! ... 43

Les Médias sociaux 101

Qu'est-ce qui est pire : savoir qu'on parle dans notre dos ou ne pas le savoir ?	45
Quelques conseils pour écouter ce qui se dit sur vous	46
La plus grande peur des entreprises : perdre le contrôle quand survient une crise	49
La peur de se faire dérober son savoir et son expertise	52
Une autre peur : le code source libre	53
Comment vendre les médias sociaux aux patrons ?	58
Si tout est gratuit, comment gagnera-t-on de l'argent avec le contenu ?	60
Un média social porteur de contenus : le blogue	62
La gestion des commentaires sur un blogue : responsabilité légale et politique	64
Ma politique des commentaires	67
Pour un contenu conséquent : des exemples de politique éditoriale	69
La nouvelle génération, l'entreprise et le Web	71
Le *mashup* : des pistes pour être moins « poche » sur le Web	73

Chapitre 3
La politique 2.0 — 75

On y arrive ou pas ?	75
Le Directeur général des élections du Québec	76
Pour ce qui est de la présence web, où en sont nos partis canadiens ?	80
Ce que Barack Obama peut apprendre aux politiciens québécois	84
Sarkozy : une belle lancée…	86
Le modèle Obama	87

Chapitre 4
Les rapports interpersonnels — 95

Les médias sociaux et la transparence : si ma mère me voyait…	95

La vie privée et les médias sociaux : mettre des frontières ou des balises ?	96
Les médias sociaux ont le dos large…	101
Une charge personnelle contre l'autopromotion dans les médias sociaux	103
La grande peur : se faire voler des renseignements sur les médias sociaux	106
La peur d'être insulté, diffamé ou attaqué en ligne	110
Pour se bâtir une image intéressante dans les médias sociaux, il faut savoir déconner	116

Chapitre 5
Les agences traditionnelles — 121

La bousculade dans les agences…	121
La preuve est dans le pouding	122
Est-ce que le message passe (encore) ?	124
Les relations publiques en ligne : tactiques et objectifs pour commencer à s'améliorer	133
Les relations publiques avec les blogueurs	138

Chapitre 6
Le journalisme et les médias — 141

La fameuse crise des médias	141
Les journalistes, les blogueurs et le Web	147
Mais quel est notre problème avec la convergence ?	156
Comment passerons-nous à travers cette crise ?	158

Conclusion — 165

Si Internet est le Viagra® des entreprises, les médias sociaux en sont le stimulant…	165

Lexique — 169

Remerciements — 183

Préface

Bien que les initiés en parlent depuis maintenant quelques années, l'univers des médias sociaux rattrape aujourd'hui une grande partie de la population et, au passage, confronte les entreprises. Sans vraiment le savoir, plus de 14 millions de Canadiens, 15 millions de Français et 2,7 millions de Québécois sont désormais les acteurs d'une révolution dans le monde des communications, simplement en utilisant Facebook.

Et le réseau Facebook, aussi gros qu'il soit, n'est en fait que la partie visible de l'iceberg. Si vous regardez de plus près l'univers des médias sociaux, vous y découvrirez des outils, des lieux de rendez-vous ou de recherche qui peuvent servir aux différents besoins du citoyen, dans sa vie de tous les jours.

Mais parallèlement à ce type d'utilisation plus commune des réseaux sociaux, il existe une formidable occasion d'affaires pour les entreprises qui sauront se positionner dans cet univers, qui permet aux créateurs de contenus ou de services de communiquer directement avec le marché qu'ils cherchent à séduire.

Car jamais encore une entreprise n'aura eu cette chance de converser aussi directement, et en temps réel, avec sa clientèle jusqu'à aujourd'hui. Jamais auparavant une entreprise n'aura eu un contact aussi direct avec le citoyen. Mais encore faut-il savoir comment lui parler. Il faut prendre le temps de réfléchir à la question, évaluer quel réseau utiliser, quoi dire et à quel moment.

Heureusement pour vous, dans cette quête de l'apprivoisement de l'univers des médias sociaux, vous avez pris une première bonne décision : celle de mettre la main sur cet ouvrage de Michelle Blanc. À titre d'une des premières titulaires de la M. Sc. Commerce électronique au pays, Michelle Blanc scrute l'évolution des médias sociaux depuis bon nombre d'années et a su vulgariser leurs utilisations auprès du public.

Ce que vous avez entre les mains aujourd'hui, c'est en quelque sorte le « Michelle Blanc 101 ». C'est-à-dire les bases de la connaissance de l'experte en matière de positionnement dans les médias sociaux. Dans les pages à venir, vous trouverez l'essentiel des conseils qu'elle prodigue depuis des années sur son blogue professionnel. Que ce soient les six règles de Jacob Morgan ou les sept leçons d'Obama pour les innovateurs radicaux, Michelle Blanc propose une réflexion sur les diverses approches du Web d'aujourd'hui.

Pour ceux qui ont découvert les talents de la vulgarisatrice sur Internet, sachez que ce livre contient d'abord et avant tout une sélection de ses meilleurs billets extraits de son blogue professionnel, concernant les médias sociaux. Des billets qui ont par la suite eu droit à une bonification ou à une MAJ, comme le reconnaîtront ses lecteurs internautes.

En terminant, je tiens à saluer tout le travail accompli par Michelle Blanc jusqu'à ce jour dans le domaine de la promotion des nouveaux outils de communication. À titre de journaliste spécialisé dans les nouvelles technologies à

Radio-Canada, où j'ai eu la chance à de nombreuses occasions d'interviewer l'experte, ou encore à titre de directeur de la Communication numérique aujourd'hui au Cabinet de relations publiques NATIONAL, je sais apprécier tout son travail d'évangéliste du Nouveau Monde 2.0.

Si aujourd'hui de plus en plus d'entreprises, et même de partis politiques, s'efforcent d'être plus ouvertes envers la communauté des internautes québécois, je suis persuadé que c'est en partie grâce à son travail d'intervention dans les médias et au sein des entreprises elles-mêmes. Pour cela, chapeau, Michelle Blanc! Et à vous, bonne lecture!

Bruno Guglielminetti

Introduction

Le réseau mondial des beaux-frères et des belles-sœurs

Si vous voulez vous acheter une voiture, est-ce l'avis du publicitaire, du manufacturier, du journaliste automobile, du « vendeur de chars », de votre garagiste ou de votre beau-frère qui aura le plus d'influence sur votre décision ? Ce sera probablement celui de votre beau-frère. Or, les médias sociaux représentent un réseau mondial de beaux-frères. C'est de ce réseau mondial qu'il sera question dans ce livre. Que vous soyez utilisateur, marketeur, relationniste, publicitaire, journaliste, patron d'entreprise ou beau-frère, et que vous le vouliez ou non, ces nouveaux médias, qui mettent en valeur l'aspect sociable de l'internaute et lui permettent de s'exprimer aisément sur la Toile, n'ont pas fini de changer votre vie, vos usages et vos pratiques professionnelles. Il y aura toujours des marketeurs, relationnistes, publicitaires journalistes, patrons d'entreprise et beaux-frères, mais leurs tâches ne seront plus jamais les mêmes. Certains embrasseront ce changement qui est maintenant irréversible et d'autres lutteront contre cette évolution avec le désespoir des causes perdues. Ce livre s'adresse à tous ces gens.

Les médias sociaux ne sont pas une fin en soi. Ils ne sont probablement qu'un passage vers un Web différent qui est en évolution constante. On parle déjà d'ailleurs de médias sociaux géolocalisés et mobiles (par exemple, Foursquare[1]). Mais la parole citoyenne est là pour rester. Ces changements n'affecteront pas non plus la société dans son ensemble. Nous avons toujours un taux d'analphabétisme qui tourne autour de 10 % et qui empêche encore plusieurs citoyens de s'exprimer. Mais ces citoyens étaient exclus avant l'arrivée du Web et le resteront, malheureusement, après que les médias sociaux auront changé nos vies. Certains sont réfractaires aux technologies, qui leur paraissent trop complexes. Je connais pourtant des gamins de neuf ans qui ont déjà trois blogues et qui partagent, via des médias sociaux, des hyperliens YouTube pour écouter avec leurs copains les trouvailles que chacun y fait. Les technologies des médias sociaux ne sont donc pas si compliquées que ça. Mais encore faut-il avoir le goût de les explorer !

Le pouvoir change

Dans les années 1980, il y avait un grand détaillant qui s'appelait Steinberg[2]. Les manufacturiers arrivaient chez Steinberg et imposaient leurs conditions pour l'étalage de leurs produits. Ceux-ci devaient se retrouver à la hauteur des yeux des consommateurs, comme ceci et comme cela... Dans les années 1990, plusieurs détaillants créèrent leurs marques

---

1 Pour plus d'information sur Foursquare, vous pouvez lire mon billet : http://bit.ly/foursquaremb ou écouter ma capsule vidéo : http://bit.ly/lelabfoursquare
2 Exemple tiré de l'un des cours de Jacques Nantel, qui m'a enseigné lors de ma M. Sc. en commerce électronique à HEC Montréal.

maison (comme Loblaws avec Le Choix du Président). Leurs produits étaient *de facto* positionnés convenablement, à la hauteur des yeux du consommateur, et ceux des manufacturiers, par le fait même, se retrouvaient sur les tablettes du bas. Cela, à moins qu'ils prennent une entente avec le détaillant et paient chèrement le pied linéaire des tablettes les plus à la vue.

Puis vinrent la télévision numérique et les enregistrements numériques personnalisés. Dans une émission comme *À la Di Stasio*, lorsque l'animatrice fait une recette de sauce tomate, il est devenu possible de faire un arrêt sur image pour repérer la marque de la conserve de tomates et la chercher sur le Web. Nous trouvons ainsi le manufacturier qui la fabrique, puis le détaillant qui la vend. Ensuite, certains consommateurs plus « éco-grano-bio » ont voulu pousser la recherche un peu plus loin pour trouver LE manufacturier qui vend des tomates qui ont poussé dans des champs « éco-grano-bio », avec des poules en liberté qui couraient autour dans la joie et la santé biodynamique, pour obtenir ainsi la sauce tomate la plus politiquement correcte et délicieuse qui soit. Lorsqu'ils ont trouvé la tomate rare, ils partagent cette fabuleuse découverte avec leurs copains sur Facebook, Twitter et les blogues, ils la prennent en photo et la mettent sur Flickr, ils font une vidéo de leur recette qu'ils mettent sur YouTube et espèrent que leur trouvaille deviendra virale. Tout ça pour vous dire que le pouvoir est passé des manufacturiers aux détaillants, puis aux consommateurs, qui ont maintenant droit de vie ou de mort sur votre produit. D'abord parce qu'ils décident d'acheter ou pas, ensuite parce qu'ils se donnent le droit de lancer au détaillant des tomates bas de gamme (c'est-à-dire des tomates qui ne sont pas « éco-grano-bio ») ou de l'encenser, et qu'ils partageront très probablement ce droit avec l'ensemble de leur communauté.

Vous êtes des paresseux!

Je souligne que ce livre est tiré de plusieurs billets de mon blogue. Je ne veux pas vous insulter mais, en fait, vous avez acheté ce livre parce que vous êtes trop paresseux pour fouiller dans les quelque 2 000 billets que contient mon blogue, les rapailler (sans faire de publicité gratuite à Clotaire Rapaille) et les imprimer vous-même (ce qui par ailleurs serait plus cher que de payer le livre déjà imprimé). Vous paieriez probablement très cher pour m'avoir comme conférencière ou consultante, pour que je vous répète ce qui est déjà écrit dans ce livre, dans mon blogue, dans mes nombreuses entrevues, conférences et capsules vidéo qui sont sur le Web.

Tout ça pour vous dire que je suis convaincue qu'en partageant mon savoir et mes impressions dans cet ouvrage, je ne me coupe pas de *business*, je m'en crée plutôt davantage. Parce que ce n'est pas ma création intellectuelle (les billets de mon blogue) qui me fait vivre, mais plutôt ses produits dérivés (ce livre, mes conférences, mes consultations, mes apparitions télévisuelles, etc.) et qu'il en sera de même pour vous si jamais, après la lecture de ce livre, vous décidez vous aussi de partager votre savoir et votre passion. C'est un peu comme si vous écoutiez une émission sur la rénovation qui montre comment mettre du plâtre sur un mur. Après l'écoute de l'émission, vous essaierez peut-être de plâtrer votre mur vous-même. Mais vous ne construirez certainement pas une maison. Et une fois la moitié du mur achevée, vous vous direz sans doute que ce n'est pas aussi beau que le mur fait par le professionnel du plâtre dans l'émission. Alors, qui allez-vous appeler pour finir le travail? Le compétiteur qui a écouté l'émission et qui y a déniché quelques trucs ou le professionnel qui a partagé son savoir lors de l'émission?

Ce livre ne répondra sans doute pas à toutes vos questions liées aux médias sociaux. Mais il vous permettra d'oser enfin vous y mettre et vous donnera le goût de dire au monde entier, par le biais de vos présences web, à quel point Michelle Blanc est *hot* et pourquoi on devrait ABSOLUMENT lire son livre (du moins, je l'espère, hé hé hé).

Chapitre 1

LA PETITE HISTOIRE DU WEB ET DES MÉDIAS SOCIAUX

Les innovateurs du Web : ce que la porno nous a appris…

L'histoire du Web commence vraiment au début des années 1990[3] ; avant, il y avait des prototypes, de la recherche, mais l'essor du Web tel que nous le connaissons débute véritablement à ce moment-là. En quelques années, tout s'emballe et, déjà en 1994, le Web s'offre à tous.

Mais au commencement du Web, qu'est-ce qu'on trouvait en ligne ? Des sites porno, des prototypes de sites de quotidiens, d'autres sites porno et, ici et là, des communautés pour échanger des opinions et des fichiers de musique… C'était ça, du sexe et du rock. On était très près du fameux trio *sex, drugs & rock'n'roll*. En fait, l'industrie de la porno innove tellement sur le Web que je dis souvent à la

---

3   Données tirées de *A Little History of the Web* : www.w3.org/History.html

blague, lors de mes conférences sur le marketing, qu'on n'a pas d'autre choix que de suivre son évolution en ligne. Si vous hésitiez – car nous savons bien que personne parmi nous ne navigue jamais sur ces sites –, je vous donne enfin la permission d'y aller...

Ne nous mettons pas la tête dans le sable : toutes les grandes innovations en webmarketing nous viennent de l'industrie pornographique. Celle-ci a été la première à travailler pour se positionner dans les résultats de recherche, ce que nous appelons maintenant le « référencement ». Elle a aussi été l'une des premières à acheter des mots clés, toujours pour améliorer son référencement. Vous comprenez certainement de quoi je parle s'il vous est arrivé d'entrer des termes dans un moteur de recherche et d'obtenir parmi les premiers résultats une série de sites porno. Oups !

L'industrie de la pornographie a littéralement inventé le *spam* (la publicité non désirée) et le coût publicitaire par clic (une publicité zeb où le client paye selon le nombre d'usagers qui cliquent), un procédé qui a ensuite été repris par tous les publicitaires. Les pornographes, pour développer et renouveler leurs produits, sont presque toujours les premiers à utiliser les nouvelles plateformes zeb et les médias sociaux. Que voulez-vous ? On ne peut pas le nier, c'est une industrie qui fait grandement avancer le Web et la publicité. Que répondrez-vous à votre conjoint ou à votre patron s'il vous prend à naviguer sur des sites porno ? Pas de panique ! Vous n'aurez qu'à dire que cela fait partie de vos activités de recherche et développement sur le Web... Wouhouhou !

Ce que le Web a changé : les marchés sont maintenant des conversations

Vous l'avez peut-être lu sur mon blogue ou entendu dans une conférence, mais je le répète quand même : si vous êtes en affaires, il faut prendre part aux conversations que sont devenus les marchés. Quoi ? Joindre les conversations sur le Web dans une perspective d'affaires ? Cela peut sembler révolutionnaire, mais dites-vous que les jeunes générations sont déjà dans la mouvance de cette communication asymétrique[4] bien que bidirectionnelle. Cela vous étonne ? Pourtant, le phénomène n'est pas nouveau. Il a juste gagné en ampleur et continue à prendre de la force.

Remontons dans le temps. Déjà en 1993, un grand manufacturier de solutions de télécommunications, CISCO[5], faisait le pari de la transparence en affichant tous les défauts connus de ses produits sur ce qu'on appelait à l'époque les « e-communautés » ou, si vous préférez, les forums, qui sont les ancêtres des médias sociaux. Si l'idée de vous lancer ainsi dans la mêlée vous paraît risquée, sachez que la transparence a rapporté gros à ce manufacturier. Après cette première percée sur le Web, entre 1995 et 2000, les ventes de CISCO ont augmenté de 600 % ! Une autre bonne nouvelle attendait la compagnie : ses frais de soutien technique n'avaient pas augmenté proportionnellement à ses gains, ils s'étaient contentés de doubler, ce qui représentait une

---

4   Asymétrique dans le sens où la réponse donnée à l'émetteur n'est pas instantanée. Il y a cependant une élasticité dans l'asymétrie (OK, je fais ma gourou technique ici, hé hé hé), parce qu'on ne peut pas répondre deux semaines après le commentaire. Disons qu'un délai de 1 à 48 heures est plutôt ce qui est recherché. D'où l'asymétrie dans la réponse.
5   Slywotzki, Adrian J. et al., *How Digital Is Your Business?*, éd. Crown Business, 2000, p. 164.

économie équivalente au salaire de 10 000 ingénieurs par an, lesquels pouvaient être affectés au développement de nouveaux produits plutôt qu'au service client.

Pourquoi être sur le Web ?

Il y a quelques années, un journaliste me demandait de donner des conseils aux petits entrepreneurs qui voulaient faire leur entrée sur le Web. Il voulait savoir la différence entre un site à 5 000 dollars et un site à 100 000 dollars. En fait, il voulait vraiment me poser la question suivante : « Existe-t-il des bons sites pour 5 000 dollars ? » Je lui ai répondu que ce qui est primordial dans la mise sur pied d'une présence web, c'est la réflexion d'affaires de l'entreprise. On peut formuler le tout en une question : quels sont les objectifs d'affaires que vous cherchez à atteindre avec ce site ? Cela peut sembler trop simple comme raisonnement, mais vous seriez surpris du nombre d'entrepreneurs qui n'ont aucune idée de l'objectif de leur présence web. Comment prenez-vous vos autres décisions d'affaires ? Par exemple, construiriez-vous une usine, achèteriez-vous une pièce d'équipement ou feriez-vous un voyage de prospection commerciale en Chine sans au moins un objectif ? Certainement pas ! Il en va de même pour toute activité d'affaires sur le web. Il existe donc des sites Web de moins de 10 000 dollars qui sont efficaces et des sites de 100 000 dollars qui sont tout à fait inutiles. Ce qui est efficace pour vous est la solution qui répond le plus justement à vos objectifs d'affaires. Si l'objectif d'un site est de donner l'heure et que l'heure y apparaît effectivement, le site répond à son objectif. (À propos de l'heure, je fais souvent cette blague lors de mes conférences : je demande aux gens qui ont une montre de lever la main. Puis je leur dis : « Vous êtes maintenant officiellement des vieux puisque vous possédez l'ancêtre du téléphone intelligent, qui n'avait qu'une application, celle de donner l'heure!»)

Quand vous aurez déterminé le type de présence qui vous convient, il vous faudra développer des contenus. Il ne faut pas oublier que le Web est au départ un média de contenus textuels. Et là, tenez-vous bien loin du jargon technique et du vocabulaire que seul vous et votre entreprise utilisez. Demandez-vous quels termes de recherche les internautes entrent quand ils pensent à votre produit. Faites de la veille (nous parlerons des outils de veille plus loin), observez bien et vous serez surpris. Les internautes cherchent de l'information et des produits selon le paradigme problème-solutions-bénéfices. Songez-y lorsque vous développerez vos contenus.

Comme le montre l'exemple de CISCO, la transparence est souvent payante. Dans ce cas, plutôt que de dissimuler les problèmes associés à un produit, on a choisi de les révéler et de mettre en place une communauté pour trouver des solutions. Comment aborderez-vous les questions épineuses? Y avez-vous pensé? Encore là, la transparence ne signifie pas tout dire sans retenue, mais bien communiquer de façon honnête: ce que vous dites, vous l'endossez et, si on vous signale un problème, plutôt que de l'étouffer, vous chercherez une solution. La transparence est fondamentale pour quiconque veut utiliser activement le Web dans sa stratégie d'affaires. Nous y reviendrons souvent dans ce livre.

Un univers de possibilités... l'univers du Web

Pour parler de présence web efficace, il y a une allégorie que j'aime bien, celle de l'univers. Tout comme l'univers, le Web est en constante expansion, et les astres et les planètes qui le meublent sont en interrelations, gravitant chacun selon leur trajectoire autour d'un point central. Pour être réellement efficace, votre présence web – qui comporte idéalement un blogue – doit être comme un soleil. Mais celui-ci a besoin d'un système de planètes qui gravitent autour de lui pour briller encore plus. Ces planètes sont vos présences sur les médias sociaux et servent de faire-valoir à votre soleil. Ainsi, en plus de votre présence web principale, vous vous créez une page Flickr, MySpace, YouTube, Twitter, Facebook, Friendfeed, Slideshare, pour n'en nommer que quelques-uns. Sur ces pages, on trouve vos coordonnées, l'adresse de votre site principal ou du blogue, et vous les utilisez pour promouvoir vos contenus et augmenter les visites. Vous avez maintenant un petit univers à vous ! Mais, comme dans la vraie vie, vous n'êtes pas seul dans l'univers, il y a aussi d'autres soleils dans le Web. Ces autres centres d'attraction sont ce que nous appelons des « sites d'autorité » et varient selon le domaine où vous évoluez.

Présumons, par exemple, que vous êtes un manufacturier d'ordinateurs portatifs. Les sites d'autorité de votre domaine pourraient être des sites d'information comme PCMag ou Protégez-vous. Ces sites s'adressent aux consommateurs et font des listes et des analyses d'ordinateurs portatifs qui influenceront le processus décisionnel des clients. Donc, vos futurs clients visiteront d'abord ces sites pour se faire une idée sur les ordinateurs qu'ils chercheront en magasin par la suite. Ces soleils enverront possiblement des gens sur votre site. Pour être réellement efficace, vous vous devez d'être présents sur ces sites tout en étant en relation avec leurs représentants sur les sites de médias sociaux. Voilà ! Nous y revenons ! Vous avez un site ou un blogue et, maintenant que tous en parlent, vous voulez développer votre présence dans l'univers en utilisant les médias sociaux.

Récemment, partout où l'on s'informe, il semble qu'on ne parle que de l'importance croissante des médias sociaux. Les journalistes regardent monter le pourcentage de Canadiens et de Québécois qui ont un compte sur Facebook ou Twitter et nous communiquent régulièrement ces résultats. Il faut dire que ça augmente chaque jour. Si vous commencez à vous intéresser à ces réseaux, vous n'êtes peut-être pas conscient de la variété ni des spécificités des médias sociaux qui s'offrent à vous. Lors de mes conférences, j'utilise un tableau pour montrer le nombre croissant de médias sociaux, leurs particularités et les zones géographiques où on les utilise. Une des caractéristiques des médias sociaux, c'est d'être constitués de différents éléments fonctionnels (ce que vous pouvez faire avec un média); leur utilisation varie selon des critères géographiques (là où le média est en usage), sociodémographiques (l'âge et le profil des usagers) et selon des questions de niches ou de fonctionnalités.

Le roi des médias sociaux est, et reste encore, le blogue. Le mot « blogue » vient de *weblog*, qui désignait, au tout début du phénomène, à la fin des années 1990, un site web personnel dont les entrées sont antéchronologiques. Les premiers blogues étaient des sites conçus par leurs utilisateurs. Dès 1999 apparaît sur le marché un premier logiciel qui démocratise le blogue[6], puis d'autres viendront et, depuis, ils n'ont cessé de se multiplier. Avec certains de ces logiciels, qui offrent des modèles à utiliser tels quels, vous pouvez vous créer un blogue en quelques minutes et commencer à mettre en ligne vos billets illico.

Les différents types de blogues

Il y a autant de styles de blogues qu'il y a de blogueurs. Le blogue a la particularité de laisser le lecteur ajouter ses commentaires aux billets que rédige le blogueur (ou non,

---

6   Une excellente histoire des blogues, dont je me sers ici, a été rédigée par une pionnière en la matière, Rebecca Blood: http://bit.ly/rblood

puisque c'est une fonctionnalité qu'on peut désactiver). Les billets sont archivés par dates et peuvent être classés par catégories ou à l'aide de *tags* (un mot-clé qui réunit les billets rattachés à un même sujet). On retrouve maintenant des blogues vidéo, dits « vlogs », des photoblogues et des blogues qui servent à présenter des baladodiffusions; bref, le blogue évolue avec les possibilités médias. Les billets des blogues peuvent être disséminés et lus par la technologie RSS et par les hyperliens. Les blogueurs sont maintenant nombreux à promouvoir leurs billets par Twitter ou Facebook.

Pour que votre présence sur Internet soit efficace, il faut que vous soyez aussi sur ces faire-valoir, à la fois créateurs de conversations et de trafic, que sont Facebook, Twitter, YouTube (ou Dailymotion pour les copains français), Flickr, LinkedIn (ou Viadeo), MySpace, pour ne nommer que ceux-là. Des médias sociaux moins connus peuvent également correspondre au profil de vos publics cibles, en ce qui a trait aux considérations technologiques, géographiques ou sociodémographiques.

Quant à savoir *Pourquoi bloguer dans un contexte d'affaires*[7], j'y ai déjà répondu dans un autre ouvrage, et vous constaterez à la lecture de ce livre que mes arguments n'ont pas changé : il y a plein de raisons de le faire et j'y crois toujours avec autant d'ardeur !

Quelques vedettes parmi les outils sociaux

Facebook

En 2004, Mark Zuckerberg, alors étudiant à Harvard, a créé The Facebook pour la clientèle étudiante, en vue d'être

---

7   En collaboration, sous la direction de Claude Malaison, Montréal, Isabelle Quentin Éditeur, 2007, 152 p.

utilisé pour le réseautage[8]. Très vite, il a été offert à d'autres universités, puis à des écoles secondaires et, en 2006, il devenait ouvert à tous. Facebook est un réseau social qui permet de se créer une communauté d'« amis », de publier ses humeurs du moment sous forme de « statuts », d'échanger des contenus provenant des médias (articles, vidéos, bandes audio) et de télécharger ses propres contenus. Le site offre la possibilité de créer des pages pour des produits, des personnalités, des groupes artistiques, et de promouvoir celles-ci à l'aide de publicités. On peut aussi créer des groupes d'intérêts et inviter ses amis à y adhérer. Il serait difficile de vous en donner une définition finale, car le réseau est en constante transformation. En 2010, Facebook compte 500 millions d'utilisateurs[9], et ce chiffre va croissant.

Twitter

Son slogan est *Join the conversation* ou, si vous préférez, « Joignez-vous à la conversation ». Au moment où Facebook devenait public, en 2006, Noah Glass et Evan Williams, de la *startup* Odeo[10], créaient un réseau de microblogage appelé Twitter, où les publications sont appelées des *tweets* (des gazouillis, en français). C'est un fil d'actualités qui vous permet d'échanger des liens et de l'information en temps réel et de suivre, par exemple, l'évolution d'un événement en direct, par le biais de messages mis en ligne par vos contacts. On s'abonne au fil de nouvelles des usagers qui nous intéressent, et ceux qui s'abonnent à nos mises à jour deviennent nos « abonnés ». Ainsi, quand une nouvelle nous plaît, on peut la « retweeter », grâce à un bouton à cet effet, et ainsi notre réseau d'abonnés la verra dans son fil de nouvelles.

8   Renseignements sur l'histoire de Facebook tirés de Wikipédia : fr.wikipedia.org/wiki/Facebook
9   Selon Facebook : http://bit.ly/utilisateursfacebook
10 Notes historiques tirées de Wikipédia : http://bit.ly/twittermb

YouTube (et Dailymotion)

Consacré au média vidéo, YouTube propose de vous diffuser, avec son slogan : *Broadcast Yourself*. Qui ne connaît pas le célèbre site d'hébergement vidéo créé en 2005[11] ? On y publie des films, des émissions de télé, des vidéoclips, des publicités et des vidéos créées par des usagers. Le site ne cesse d'offrir à ceux-ci de nouvelles options de visionnement et de nouvelles fonctions. Ainsi, on peut facilement mettre en ligne sur un blogue une vidéo trouvée sur le site. Il est aussi assez facile de créer un compte, de télécharger des vidéos et de réseauter via le site. En 2009, 350 millions de personnes ont visité le site chaque mois ! L'équivalent français de YouTube est Dailymotion ; les Français sont comme ça, ils aiment bien donner des noms anglais aux produits qu'ils développent. Dailymotion a été créé en mars 2005 par Benjamin Bejbaum et Olivier Poitrey, à la suite d'un voyage à New York[12]. Ainsi, pour percer la francophonie (si cela est votre marché), il serait probablement judicieux d'être sur Dailymotion en plus de YouTube.

Flickr[13]

Flickr est un site de partage de photos et de vidéos lancé en 2004 et racheté l'année suivante par Yahoo!. Comme avec tout média social, on peut ajouter des contacts, commenter les photos et écrire des notes ; le système permet aussi de marquer (« taguer », en langage populaire) les photos et vidéos que l'on télécharge. On peut également bloguer (donc publier sur notre blogue) une photo en un clic. Flickr est gratuit mais offre aussi des comptes payants qui ont des fonctions avancées et permettent, par exemple, de gérer un

---

11 Notes historiques et chiffres tirés de Wikipédia : http://bit.ly/youtubemb
12 Sur Wikipédia : http://bit.ly/dailymotionmb
13 Information tirée du site de Flickr : flickr.com

plus grand nombre d'albums en ligne. Le site offre d'ailleurs la possibilité de classer nos photos selon certains paramètres de confidentialité qui restreindront la visibilité à certains contacts ou groupes.

LinkedIn

Fondé en 2002, LinkedIn est un site de réseautage professionnel où les utilisateurs peuvent mettre en ligne un profil professionnel et ajouter un curriculum vitae. Depuis 2009, on peut faire des mises à jour à partir de Twitter ou du site lui-même. Selon les dires de ses administrateurs, LinkedIn ne craint pas Facebook, MySpace ni les autres, car pendant que ceux-ci offrent un espace décontracté, LinkedIn propose plutôt un espace destiné à bâtir une réputation professionnelle. L'inscription est gratuite, mais une version payante avec des fonctions plus avancées est aussi disponible[14].

Viadeo

Viadeo est le pendant français de LinkedIn. Il a été lancé en 2004 sous le nom de Viaduc et est devenu Viadeo en 2006. En 2009, le site payant de réseautage professionnel revendiquait 25 millions d'usagers[15].

MySpace

MySpace a pratiquement fait sa marque de commerce de la controverse qui l'a toujours suivi depuis sa création, en 2003. Cette controverse était animée par d'anciens utilisateurs, des critiques et des activistes de la contre-culture qui appelaient au boycott de MySpace. Dans un tract intitulé *Fuck MySpace!*, ils reprochaient au site ses sources de financement publicitaire et son affiliation à Rupert Murdoch,

---

14 Information tirée du site de LinkedIn : press.linkedin.com/about_fr
15 Le site se trouve à viadeo.com et l'information est tirée de Wikipédia : http://bit.ly/viadeomb

P.-D.G. de la News Corporation[16]. Cela dit, il doit aussi sa réputation à la grande place qu'occupent les musiciens et les artistes sur le site. Son slogan : *See what's happening on MySpace*. On peut y écouter de la musique, se mettre en lien avec des amateurs et des artistes, et aussi se tenir au courant des événements musicaux alternatifs. Au départ, MySpace constituait une solution rapide aux groupes qui voulaient être en ligne ; maintenant, il existe de multiples façons de l'être, et c'est probablement ce qui a justifié un petit dépoussiérage du site et de ses fonctionnalités en 2010.

Slideshare

Slideshare, en français « partage de diapos », est un site qui permet de créer un profil et de partager avec tous ou avec un groupe désigné ses présentations en format diaporama, avec PowerPoint, ou en format PDF. Le site permet aussi d'ajouter de la baladodiffusion (ou *podcast*) pour créer un webinaire ou, si vous préférez, une présentation éducative en ligne. Le site entre dans la catégorie des réseaux sociaux car il permet d'interagir avec les usagers et, ainsi, de repérer les gens qui ont les mêmes intérêts professionnels que nous. Pour ma part, je publie toutes mes présentations sur Slideshare[17], donc vous pouvez les consulter et vous abonner pour voir automatiquement ce que je mets en ligne.

Wiki

Oui, comme dans Wikipédia, l'encyclopédie collaborative que tous connaissent. « Wiki » veut dire « rapide » en hawaïen[18]. Mais WiFi, c'est avant tout un type de site zeb fondé sur un logiciel libre qui permet une écriture collaborative. Vous pouvez

---

16   Information tirée de Wikipédia, « MySpace, controverses et critiques » : http://bit.ly/myspacemb
17   www.slideshare.net/MichelleBlanc
18   fr.wikipedia.org/wiki/Wiki

créer un WiFi sur un sujet, et les contributeurs (qui doivent s'inscrire) pourront y ajouter de l'information, modifier ce qui y est déjà, mais la page gardera un historique des modifications. Plusieurs s'en servent déjà à des fins de communication interne et n'en parlent pas ouvertement sur la place publique. Un de mes clients importants utilise le WiFi comme outil de publication et d'information sur les procédures de son département. Il a ainsi créé un point central où tous les employés trouvent l'information pertinente à leur travail, présentée de façon limpide, simple et efficace. D'autres entreprises s'en servent à l'externe, de manière peut-être un peu plus flamboyante. Parmi eux, Motorola[19] a développé un WiFi guide pour l'utilisateur de son nouveau produit, le MotorolaQ, et l'université Stanford[20], elle, se sert de son WiFi pour diffuser des informations administratives et académiques. D'ailleurs, un des succès planétaires WiFi est issu de chez nous. Il s'agit de Wikitravel[21], développé dans l'ouest de Montréal et qui a été récemment acquis par des Américains[22].

À go, on se lance dans les médias sociaux !

Ç'a l'air tout facile comme ça : on ouvre un compte et on écrit quelque chose... Mais si vous comptez utiliser les médias sociaux pour une entreprise, il faudrait y penser quelques minutes avant de plonger. Vous avez choisi vos médias de prédilection ? Maintenant, comment planifier votre entrée dans cet univers aux multiples facettes et en constante évolution ? Il y a bel et bien une méthode, qui est de plus

---

19 De mon blogue, « Motorola, un premier WiFi mode d'emploi » : http://bit.ly/motorolaQmb
20 De mon blogue, « Stanford University lance un WiFi » : http://bit.ly/stanfordmb
21 http://bit.ly/wikitravel
22 De mon billet : http://bit.ly/agencevoyage

en plus répandue et qui fait l'objet d'un intéressant billet de Jacob Morgan, « *Rolling Out a Social Media Strategy*[23] », adapté par mes soins à la réalité québécoise. Cette méthode est maintenant utilisée et diffusée par plusieurs experts. Le processus, de la veille jusqu'à la phase du retour et de l'analyse, se déroule sur cinq ou six mois.

Phase 1 : veille, écoute et observation

C'est le temps de faire un premier tri des outils de veille pour savoir qui parle de vous et ce qui vous intéresse[24]. À l'aide de ces outils, faites le portrait de votre situation statistique web actuelle ; cela sera utile par la suite pour mesurer votre progression. Pour surveiller plusieurs sources d'information à la fois – médias, blogues, sites de microblogage[25] et sites web –, créez-vous un lecteur de fils RSS[26] afin d'effectuer une veille régulière sur les conversations qui se tiennent à propos de vous et dans votre champ d'activité.

Phase 2 : création de ses profils et de son image de marque

Il y a eu suffisamment de cas d'usurpation d'identité sur le Web, alors pour ne pas être victime de cybersquattage (quelqu'un utilise votre nom à votre place sur le Web), sécurisez vos marques sur les différentes plateformes sociales et assurez-vous d'afficher uniquement les renseignements pertinents sur vos différents profils.

---

23   Du blogue J Morgan Marketing : http://bit.ly/jmorgan
24   Voici quelques outils de veille : http://wiki.kenburbary.com/ À vous d'expérimenter !
25   Twitter est un site de *microblogging*, traduit ici par « microblogage ».
26   Voir, dans le lexique, « Fil ou flux RSS ».

Phase 3 : création de contenus

Vous en êtes à créer et à diffuser vos contenus sur les différentes plateformes. N'oubliez pas que vous êtes dans des lieux de conversation. Pour offrir une valeur ajoutée, discutez réellement. Ne vous contentez pas de parler de vous ou de faire de l'autopromotion, cela emmerde les gens. Développez plutôt pour votre entreprise une politique d'intervention, complétée par une ligne éditoriale des contenus, des commentaires et des réactions, et faites connaître votre cadre à votre équipe pour que chacun suive la même voie.

Phase 4 : distribution et promotion des contenus

La récupération intelligente des contenus est une chose légitime et la promotion de ceux-ci, entre les différentes plateformes, souhaitable. Vous pouvez, par exemple, écrire sur un sujet dans votre blogue, mettre les photos qui s'y rattachent sur Flickr, faire une allocution filmée distribuée sur YouTube et inciter les gens à voir ces contenus sur Facebook et Twitter. Il va de soi que plusieurs types de combinaisons sont possibles, ce chapitre d'entrée en matière vous en donne les grandes lignes.

Phase 5 : création d'une communauté

Cette activité doit évidemment se faire tout au long du processus. D'ailleurs, j'ai déjà écrit que, pour chaque billet publié sur votre blogue, vous devriez faire au moins deux commentaires ailleurs. Et puisque vous commencez à avoir une certaine autorité et qu'un début de communauté se crée, vous pouvez interagir plus directement avec vos contacts en les questionnant, en faisant un concours, en les invitant à vous contacter dans le monde physique lors d'un événement que vous organisez. Bref, le mot d'ordre est : maintenez l'interaction.

Phase 6 : mesurez, analysez et ajustez le tir

C'est maintenant le moment de faire le point, d'évaluer la réalisation de vos objectifs d'affaires initiaux et de repérer ce que vous pourriez modifier pour faire encore mieux. Vous devez aussi comprendre quels types de contenus et de médias sociaux suscitent de fortes réactions, et lesquels ont moins d'impact.

Vous devez aussi comprendre que les médias sociaux sont d'abord et avant tout des lieux d'échanges basés sur la valeur de vos contenus et sur le respect. Une stratégie média social ne se met pas en place et ne s'exécute pas en quelques semaines. C'est un investissement sur plusieurs mois qui donnera aussi des résultats sur plusieurs mois. Si les retombées d'affaires ne sont pas instantanées, elles seront tout de même durables et l'accroissement de vos bénéfices pourrait très certainement vous surprendre[27].

Les grands principes qui feront que vous serez bons (ou poches) sur les médias sociaux

Moi, moi, moi...

Vous arrivez sur les médias sociaux, vous connaissez la marche à suivre pour vous créer une présence zeb efficace et des profils sur les médias sociaux de votre choix. Des milliers, voire des millions d'autres usagers sont là, prêts à recevoir vos nouvelles et vos publicités. Vous êtes « fous et folles comme de la marde » ! Vous ne vous retenez plus... Toutes les deux minutes, vous parlez de vous, de votre marque, de vos succès, de votre produit miracle. Sans le savoir, vous enfreignez un principe de base, celui du « je, tu,

---

27 Sur mon blogue, « Planifier une stratégie médias sociaux » : http://bit.ly/strategiemb

il, nous, vous, ils » : ne pas parler uniquement de vous tout le temps sans vous soucier des autres. Vous êtes là pour joindre la conversation, pour connaître les gens qui s'intéressent à votre marque. Alors écoutez et interagissez !

Participez !

Comment participer sans vous mettre les pieds dans les plats ou dans la bouche ? Plutôt que de vous laisser y aller à tâtons, il est temps de parler des paramètres que vous pourriez établir pour développer une présence d'affaires éloquente et prudente sur ces médias. Tout d'abord, au risque de vous surprendre, je vous invite à élaborer une politique éditoriale des commentaires de vos blogues. Dans un de mes billets sur les médias sociaux et les paramètres d'affaires, je suggère plusieurs pistes pour déterminer un cadre d'action applicable à votre marque ou à votre entreprise. En abordant ce sujet, je cite Amber Naslund dans l'article « *The Social Media Team: Plug in and Participate* », qui met de l'avant un plan qui va tout à fait dans le sens de ce que je conseille[28].

Naslund établit comme principaux paramètres pour commencer : un plan d'intervention ou une politique éditoriale, la prise de parole (qui parle ?), les intérêts de chacun, l'expertise et les ressources. Si vous avez une entreprise, vous souhaiterez donc déterminer qui pourra parler sur vos médias sociaux. Vous choisirez ces animateurs de votre communauté selon leurs intérêts et leur expertise : ils doivent donc être déjà intéressés aux médias sociaux et capables de jongler avec beaucoup de renseignements sur votre entreprise pour répondre et interagir. La question des ressources est très importante car, si vous avez élu votre équipe, encore faut-il que ses membres aient suffisamment de temps et facilement accès au contenu

---

28 Du blogue Brass Tack thinking : http://bit.ly/ambernaslund

de l'entreprise pour effectuer les tâches liées à une stratégie de médias sociaux. Si votre équipe reçoit des questions techniques au-delà de ses compétences, mais que personne n'a le temps d'ébaucher rapidement une réponse destinée à la clientèle, vous décevrez cette dernière.

Apprivoiser le temps réel

Les médias sociaux, c'est aussi la réaction, et votre réponse immédiate doit suivre. Avec Twitter et Facebook, en un clic ou un retweet, une pléiade de commentaires peut suivre un billet mal ficelé et faire très mal. « Non ! Impossible », me dites-vous. Eh oui ! Je raconte dans un de mes billets la déconvenue d'une agence de communications spécialisée en médias sociaux[29], Vanksen, qui s'est retrouvée à gérer une petite crise en raison d'un billet à mon sujet mis en ligne par une rédactrice. Ce billet se voulait humoristique ou ironique, mais de mon point de vue, comme de celui de mes contacts sur les réseaux que je fréquente, il semblait transphobe et xénophobe[30]. Plutôt que de réagir sur le billet en question, ma première réaction a été d'exprimer mon dégoût sur Twitter et Facebook. Les réactions de mes amis et adeptes ne se sont pas fait attendre et ont été unanimes.

Tandis que tout cela se produisait, le billet a été retiré du site de Vanksen et le directeur des communications de l'agence, Gregory Pouy, m'a téléphoné pour me présenter ses excuses. Dans ce cas précis, mon conseil à l'agence a été de remettre le billet en ligne dans une version image (ce qui limite la recherche), traversée d'un trait rouge pour signaler que ledit texte dans sa forme originale a été retiré

---

29 Dans le billet original, vous trouverez tous les liens nécessaires pour mettre en scène ce petit drame du Web : http://bit.ly/imagemb

30 Le billet original est toujours sur le blogue d'Embruns, qui l'avait repris et commenté : http://bit.ly/embrunsvanksen

– de toute façon, le texte a été diffusé sur le Web et il est déjà dans la cache de Google –, avec les excuses et les explications du directeur des communications. Cela a été fait et les commentaires des internautes qui avaient été modérés ont été remis en ligne. Quant à moi, j'ai accepté les excuses de l'agence et de sa rédactrice...

En somme, si tout se fait en temps réel quand il est question de mettre un commentaire ou une réaction en ligne, on n'efface pas les traces de ses méfaits aussi vite qu'on le souhaiterait.

D'autres principes à considérer en ligne

L'humour
En ligne, l'humour est difficile à saisir et peut aisément se retourner contre son auteur. Ce que l'internaute voit, ce sont des mots qui ne sont pas explicités par le ton de celui qui parle ou son langage non verbal. Le premier degré est souvent celui qui saute au visage du lecteur.

Écrire sans réfléchir
Si vous écrivez une connerie en ligne, elle restera inscrite dans différentes archives web assez longtemps. La cache de Google en est une. Et parfois, quelques minutes sont suffisantes pour copier le texte et le publier ailleurs. Faites bien attention à ce que vous publiez.

Réagir à une attaque
Si on vous attaque ou qu'on vous calomnie, les faire-valoir de votre blogue (comme Twitter et Facebook) sont idéaux pour faire passer votre message et inciter vos amis à prendre part à la discussion.

Mettre fin à une querelle

Il faut être capable d'accepter le blâme, de s'excuser et de réparer publiquement ce qu'on met en ligne et qui a été jugé inconvenant.

Temps réel et fuseaux horaires

Le Web francophone est actif dix-huit heures par jour à cause du décalage horaire. Ainsi, un billet qui est mis en ligne à Paris à 17 heures, avant que les bureaux ne ferment, apparaîtra à un internaute québécois à 11 heures, ce qui lui laissera le temps de réagir, voire de s'indigner sans réplique, en temps réel, de l'autre côté de l'Atlantique.

Les outils pour effectuer une veille en temps réel

Quand l'action se passe en temps réel, il est bon d'effectuer une veille de sa marque en temps réel, grâce à divers outils comme Samepoint. Cela nous permet de savoir ce qui se dit sur nous et de réagir à chaud. Pour effectuer cette veille, il faut des outils adaptés.

On constate que, depuis la montée de Twitter, les nouvelles fraîches sont souvent diffusées par les médias sociaux avant même que les médias officiels aient eu le temps de valider l'information pour la publier. Entre 2009 et 2010, la puissance de Twitter a continué de s'affirmer, les exemples les plus flagrants étant la couverture des décès de personnalités connues ou des catastrophes naturelles. Rappelez-vous l'importance des médias sociaux dans le séisme à Haïti, en janvier 2010. Dans l'excellent magazine *Wired*, qui traite du Web et des technologies, Clive Thompson[31] explique, en

---

31 « *Clive Thompson on How the Real-Time Web Is Leaving Google Behind* » : http://bit.ly/clivethompson

se référant au cas de la mort de Michael Jackson, comment Google perd du terrain au profit des nouveaux moteurs de recherche en temps réel.

Thompson relate que, le 25 juin 2009, quand l'annonce de la mort de Jackson a commencé à circuler, des millions de personnes ont afflué vers Google Actualités (ou Google *News*) pour trouver de l'information. Le pic d'achalandage a été tel que Google a suspecté une attaque et a tout simplement bloqué les requêtes incluant les termes de recherche « Michael Jackson[32] ». Cela prouve, selon Thompson, que les gens se tournent de plus en plus vers le Web pour obtenir une information mise à jour en temps réel et, surtout, que Google a de la difficulté à suivre.

Thompson explique également que des outils comme TweetMeme, OneRiot, Topsy, Scoopler et Collecta sont en train de révolutionner le domaine. Pour ma part, je vous ai déjà parlé de Facebook, un potentiel compétiteur de Google, car c'est une base de données fantastique, et un sociogramme incroyable pour les marketeurs. Mais, pour les usagers du réseau, c'est aussi une mine d'or. Par exemple, si je me cherche un plombier, je préférerais nettement avoir une référence de mon réseau d'amis Facebook que le résultat standard optimisé par Google. Facebook est un réseau web hors du Web public, car beaucoup de ce qui y est n'est pas accessible aux moteurs de recherche externes comme Google ou les autres.

Mais ces autres nouveaux outils de monitorage en temps réel continuent d'imposer à Google un changement de paradigme. Google est le moteur de recherche des infos du passé, mais pour le moment présent il est déjà en retard...

---

32 Adapté de l'article de Thompson.

La mobilité : les médias sociaux, ça bouge toujours et tout le temps !

Pour 2010, la « cerise sur le sundae » était, à mon avis, que les applications marketing mobiles seraient de plus en plus en demande. Je ne me suis pas trompée : cette année est réellement celle de la poussée des téléphones intelligents, avec les Androïds et le iPhone. Les récents succès du Apple Store et du Androïd Market illustrent les nouvelles tendances du marketing : hyperlocal, hyperpersonnalisé et géolocalisé. Par exemple, Foursquare permet, grâce à son application mobile, de signaler à ses contacts l'endroit où l'on se trouve en temps réel. Et Twitpic offre la possibilité de prendre une photo et de la communiquer immédiatement à ses contacts sur Twitter. Certains vous parleront des limites de la vie privée, des dangers des médias sociaux et du temps réel, mais il s'agit d'une nouvelle frontière excitante que franchit le Web, en faisant son entrée dans la vie de tous les jours. Toujours à portée de main, dans la poche ou le sac à main des usagers.

Chapitre 2

L'ENTREPRISE, LE WEB ET LES MÉDIAS SOCIAUX : LA PEUR DE PERDRE LE CONTRÔLE DE SON MESSAGE

Le vrai risque avec le Web, c'est de ne pas y être !

Je vous parlais, dans le précédent chapitre, de l'importance d'effectuer une veille avant de mettre au point votre plan pour débuter dans les médias sociaux. Cette étape pourrait aussi vous convaincre d'agir, car si, par souci de ne pas perdre le contrôle de votre message, vous vous abstenez encore de tremper dans le Web social, j'ai des petites nouvelles pour vous : vous y êtes probablement déjà !

Si vous avez une entreprise ou une pratique professionnelle, les gens que vous rencontrez et avec qui vous faites affaire discutent possiblement de vous. Mais comme vous ne faites pas de veille des médias sociaux, vous n'êtes pas au courant.

Le premier réflexe en relations publiques est d'agir ou de réagir pour ne pas perdre le contrôle de son message. Quand il se produit un événement négatif autour de notre marque, on prépare un message, on le peaufine et on le diffuse. On prépare ensuite un document présumant des questions qui pourraient être posées et fournissant les réponses (le fameux « questions-réponses »), à l'intention du porte-parole qui s'adressera aux médias. Si vous êtes dans une très grande entreprise, il faudra aussi un document pour les agents du service à la clientèle. Le mot d'ordre doit toujours être : le même message partout et pour tous. Les spécialistes des relations publiques connaissent cette mécanique par cœur et elle est efficace, malgré la part d'inconnu qu'elle recèle (comment réagiront les médias ? Comment notre message sera-t-il reçu ?). Cette façon de faire est sécurisante pour l'entreprise, car elle donne l'impression que tout est prévu. L'un des chapitres suivants porte sur les vagues de changement qui secouent les agences de marketing et de relations publiques, mais je ne devance rien en vous disant tout de suite que la réponse externe a changé. La preuve en est que vous et moi pouvons décider de répondre à un communiqué officiel en le citant sur Twitter, Facebook ou notre blogue, voire d'y critiquer, dans un mouvement d'humeur, une entreprise privée ou gouvernementale avec laquelle nous venons de transiger. Et, croyez-moi, des évaluations négatives, il en circule beaucoup sur les médias sociaux, tout comme des recommandations. Si vous avez une entreprise ou une marque connue, on parle peut-être de vous sans que vous le sachiez. Vous auriez tort de ne pas réagir pour corriger une perception négative de votre image de marque qui pourrait entacher votre réputation.

Qu'est-ce qui est pire : savoir qu'on parle dans notre dos ou ne pas le savoir ?

Voici un exemple véritable : en 2009, après avoir vécu une expérience de service client désagréable dans une boutique de vêtements, je l'ai relatée sur mon blogue, comme de plus en plus de gens le font maintenant. Le problème, c'est que mon blogue est tellement bien référencé que, si l'on entrait le nom de la boutique dans Goglu, six mois après sa mise en ligne, mon billet était toujours bon deuxième, juste après le site de la marque et avant celui de la boutique en ligne. Bien que ma critique soit justifiée, je me devais d'être consciente que cela pouvait coûter très cher à une petite entreprise, d'abord en termes de pertes de revenus, mais aussi en ce qui avait trait à son image.

Je suis donc allée rencontrer la patronne de cette entreprise de mode québécoise. Nous avons discuté de la situation ; elle a reconnu que, jusque-là, sa politique de service client n'avait pas été optimale et m'a assuré qu'elle avait fait les correctifs nécessaires. Pour ma part, je ne peux qu'endosser la mission d'une entreprise qui crée de l'emploi et innove en utilisant des matériaux recyclés pour ses créations.

Précisons que, par principe, je n'ai pas l'habitude d'effacer mes billets, ni les nombreuses contributions de mes lecteurs qui leur font suite. Ma politique est de faire une mise à jour ou de rectifier, mais je n'efface pas ce qui a été publié. De plus, ce cas était pédagogique : quoi ne pas faire devant la plainte d'un client et combien le Web est puissant.

Finalement, nous ne nous sommes pas entendues. Je proposais d'enfreindre ce principe auquel je tiens habituellement, moyennant un don à l'Association des transsexuelles et transsexuels du Québec. Elle a refusé. S'il y a une leçon à tirer de cette aventure, ce n'est pas qu'il faut convaincre les gens de retirer leur commentaire s'ils vous ont écorché, mais bien qu'avec une présence web efficace et des profils sur les médias sociaux, c'est votre entreprise qui obtiendrait sur Goglu les premières places non occupées, plutôt que ceux qui mentionnent son nom. Donc, en n'étant pas sur le Web, vous cédez votre place et votre droit de parole à d'autres... Céderiez-vous ainsi votre place ailleurs sur le marché ? Pas fort, hein ?

Dans un cas comme celui-ci, une entreprise qui désire soigner son image sur le Web devrait viser l'efficacité de la Toile, d'abord en éliminant le Flash. Vous savez peut-être combien je hais ce type d'animation, qui nuit au référencement des sites web en démultipliant sa présence sur plusieurs outils gratuits référant à son site principal. Nous en revenons donc à mon allégorie du Web comme univers. Et... youhou ! Vous n'êtes pas seul dans l'univers ! Dans ce contexte, les hyperliens externes pointant vers votre site principal sont d'une importance capitale. Il faut aussi multiplier l'utilisation de votre *brand* sur différents médias sociaux, ce qui vous assurera d'apparaître en tête de liste dans les résultats de recherche. Vous reléguerez ainsi au second rang ceux qui parlent de vous, que ce soit en bien ou en mal.

Quelques conseils pour écouter ce qui se dit sur vous

Si les marchés sont des conversations, les entreprises doivent converser avec leurs clients, leurs employés et leurs partenaires. Ils doivent aussi être au fait des conversations qui se tiennent sur eux, souvent à leur insu. Pour débuter une veille, voici donc une liste de choses à rechercher, afin de ne pas vous retrouver aux prises avec une crise médiatique que vous n'avez pas vue venir ou un problème légal qui prend des proportions démesurées. Comme on dit, mieux vaut être informé que Gros-Jean comme devant !

J'adapte donc et traduis librement les conseils de Pronet Advertising[33], de Jeremiah Owyang[34] et de Joseph Jaffe[35], qui correspondent en plusieurs points à ce que je mets en pratique moi-même. Quand vous devez effectuer une veille, cherchez :

- le nom de votre entreprise ;
- son URL ;
- le nom des porte-parole et des dirigeants de l'entreprise ;
- le nom de vos produits ;
- l'URL de vos produits ;
- les sites d'autorité de votre industrie, incluant les forums, les blogues, les sites des joueurs majeurs, les sites de critiques consommateurs et tous les sites se rapportant de près ou de loin à votre activité commerciale ;
- les activités et les blogues de vos employés en ligne ;
- les commentaires sur votre entreprise, vos produits et vos services ;
- la perception de votre image de marque ;
- vos compétiteurs ;
- les images et vidéos à propos de votre entreprise (par exemple sur des sites comme Flickr ou YouTube) ;
- les *tags* et les outils sociaux se rapportant à votre entreprise ou à son domaine (par exemple sur Delicious) ;
- les *digg-like* (le fameux « j'aime » sur Facebook) et la votation en lien avec votre entreprise.

---

33   Du blogue Pronet Advertising, « *10 things you should be monitoring* » : http://bit.ly/pronetmb
34   Du blogue Web Strategist, « *10 things you should be monitoring (and a few more from me)* » : http://bit.ly/webstrategist
35   Du blogue Jaffe Juice, « *23 things every company should be monitoring...* » : http://bit.ly/jaffejuice

Vous devriez d'ailleurs considérer la possibilité d'offrir à vos interlocuteurs (clients, partenaires, employés) des moyens faciles de rétroaction dans votre présence web, afin de rapatrier les conversations chez vous. Par exemple, vous pourriez utiliser un ou des blogues, des forums ou, tout simplement, laisser vos interlocuteurs commenter certaines sections choisies de votre site Web.

Si vous n'y connaissez vraiment rien et que tout cela n'a aucun sens pour vous, je vous suggère de choisir un conseiller ou une entreprise qui pourra vous guider, voire prendre en charge vos activités de veille ou de monitorage spécialisées. Vous pourriez aussi offrir une formation aux employés que vous assignerez à ces activités, que ce soit à temps plein ou à temps partiel, selon l'importance de votre entreprise et de son *branding*. Tandis que vous y serez, lorsque vous obtiendrez des réactions positives, assurez-vous de développer un processus pour les partager afin d'en faire profiter vos employés. De la même façon que vous diffusez les bonnes nouvelles relatives à votre entreprise, vous pourriez, par exemple, diffuser les commentaires positifs dans un point de chute sur votre Intranet.

Cette fonction de veille prendra de plus en plus d'importance en entreprise et, comme le suggère Jaffe, nous verrons certainement apparaître prochainement la fonction de *brand monitor* (littéralement « le surveillant de la marque ») ou de *blogosphere watcher* (que nous pourrions traduire par « le surveillant de la blogosphère ») dans les grandes entreprises.

La plus grande peur des entreprises : perdre le contrôle quand survient une crise

S'il y a un moment où l'on veut savoir ce qui se dit sur nous, c'est en situation de crise. Dans notre ère du Web, la veille est un concept plus large que l'étude de la revue de presse traditionnelle, qui fait état de ce qui « a été dit », pas de ce qui « se dit ». Il nous faut donc un réseau et des oreilles partout. Je l'ai mentionné souvent, un réseau en temps de crise ou de besoin, c'est pratique, mais ce n'est pas en pleine urgence qu'il sera temps de le construire ! Tout comme ce n'est pas quand on se noie, au beau milieu des vagues, qu'il faut apprendre à nager ! C'est pourtant souvent ce qui arrive et c'est ainsi, en pleine crise, que plusieurs entreprises comprennent enfin le pouvoir du Web et des réseaux sociaux.

Maple Leaf Foods et la crise de la listériose

Vous vous rappelez peut-être la crise de la listériose qui a frappé Maple Leaf Foods à l'été 2008. Au moment des événements, j'ai dit que si la compagnie avait été parmi mes clients, je lui aurais suggéré de monter un blogue de gestion de crise. Il faut admettre que, selon les principes traditionnels des relations publiques, ils ont plutôt bien réagi. Sur son blogue, la communicatrice Abby Martin[36] soulignait que le président avait même déjà « outrepassé la prudence communicationnelle » en admettant être « désolé ». Mais n'oublions pas qu'il y avait tout de même eu des morts et plusieurs cas d'intoxication[37].

---

36   Du blogue Abby Martin : http://bit.ly/abbymartin
37   Au moment de la publication du billet de Mme Martin, on parlait d'une trentaine de cas et de six morts. Quelques mois plus tard, on comptait vingt décès reliés à cette éclosion de listériose (source : CBC).

Dans son billet à ce propos, « *How They've Handled This* » (« Comment ils ont géré ça »), Abby Martin analysait le dénouement de la crise. D'un côté opérationnel, elle reprenait la séquence des gestes pour montrer la mécanique mise en place : Maple Leaf Foods a d'abord fermé l'usine concernée et fait un rappel de quelque vingt variétés de viandes. Lorsque l'Agence de la santé publique du Canada a dévoilé plus d'informations, la compagnie a pris des mesures préventives et a inclus dans son rappel deux cents produits supplémentaires. Cette réaction était la bonne. Pour ce qui est de la séquence des actes de communication, la compagnie s'est assurée de publier, au fur et à mesure, l'information pertinente en mettant en ligne des PDF contenant la liste des produits ne devant pas être consommés. Des communiqués ont été publiés fréquemment, enjoignant à la clientèle de revenir sur le site pour constater que des mesures concrètes étaient prises, cela dans le but de regagner la confiance du public. Un message vidéo officiel a été livré par le président et chef de la direction, Michael McCain, et diffusé sur les réseaux de télévision canadiens et sur YouTube, puis en version papier dans les journaux canadiens.

Donc, Abby Martin conclut, comme moi d'ailleurs, que d'un point de vue « gestion de crise en relations publiques 101 », tout a été fait dans l'ordre des choses, sans délai ni hésitation. Maple Leaf a pris la situation en main et a fait preuve de remords bien sentis.

Alors où est le problème dans cette opération de relations publiques bien menée ? Lorsque les gens cherchaient « listeria » ou « listériose » dans Google, Maple Leaf n'y était pas. Si un internaute cherchait « Maple Leaf », les dépêches des médias étaient présentées en premier, sans qu'il soit possible de voir les nouvelles émises par la compagnie Maple Leaf. Qui plus est, les mots clés « listeria » et

« Maple Leaf » avaient été achetés[38] par la firme Merchant Law Group LLP, qui sollicitait des signatures pour entreprendre un recours collectif contre la compagnie. Donc, opération traditionnelle bien menée ou pas, la réalité est que nous sommes à l'ère du Web et que les méthodes traditionnelles de gestion de crise auraient avantage à être mises à jour. À tout le moins pour que soit positionné convenablement le message de l'entreprise dans Google et dans les autres outils de recherche web.

Maple Leaf Foods, pour regagner la confiance des consommateurs, aurait pu ouvrir un blogue, expliquer ce qu'est la listériose, les raisons pour lesquelles ses aires de travail ont été contaminées par cette bactérie et ce que la compagnie mettait alors en œuvre pour éradiquer un pareil problème. Ainsi, la compagnie aurait ouvert un réel dialogue avec les consommateurs et leur aurait donné un point de vue privilégié sur la résolution de la crise.

D'autres entreprises ont déjà procédé de la sorte. À titre d'exemple, c'est ce que le fabricant d'ordinateurs Dell a fait quand plusieurs récits et vidéos de batteries d'ordinateurs portatifs ayant explosé se sont retrouvés sur le Web. La crise, sur le plan tant humain que communicationnel, était beaucoup moins grave, j'en conviens, mais le blogue a permis à cette entreprise de se mettre au diapason de sa clientèle et de limiter les dégâts. De toute évidence, Maple Leaf aurait dû faire une veille de son *brand* sur le Web. Et en créant un blogue sur la crise, la compagnie aurait, au moins, été aussi présente dans les résultats de recherche que la firme d'avocat qui préparait un recours collectif contre elle.

---

38 Par exemple, Goglu Adwords permet d'acheter des mots pour optimiser le référencement de votre site lorsqu'un internaute les entre dans un moteur de recherche.

La peur de se faire dérober son savoir et son expertise

Les gens lisent parfois mes analyses ou celles de collègues blogueurs auxquelles je les réfère et se disent que d'exposer ainsi tout ce savoir nous enlève possiblement des occasions d'affaires. Perdra-t-on des contrats si l'on diffuse ainsi notre contenu ? La peur de partager son expertise en ligne est une question récurrente. Remettons les pendules à l'heure : j'ai publié plus de deux mille billets sur mon blogue, puis proposé des milliers de liens sur les médias sociaux et, maintenant, nous avons conçu un livre avec toute cette matière. D'une part, il reste encore des choses à dire ou à mettre en contexte. D'autre part, si les renseignements qui sont donnés sur le Web étaient suffisants pour former des experts dans tous les domaines, les consultants professionnels ne feraient pas un sou et les livres qui présentent des méthodes pour réussir ne se vendraient pas autant. Il y a donc toujours quelque chose à apprendre d'un expert. C'est pourquoi les blogues et les bouquins sur la promotion et le marketing sont toujours si populaires.

Des gens de ma connaissance et des lecteurs de mon blogue me demandent parfois mon opinion sur leur stratégie professionnelle. J'avais cité sur mon blogue une conversation courriel avec un professionnel de la formation dans le domaine du recouvrement des comptes, qui avait décidé, pour mousser sa pratique, de faire un bulletin électronique où, une fois par mois, il livrerait quelques trucs et astuces. Il avait aussi ouvert un blogue où il exposait, un peu comme je le fais sur le mien, les problèmes de certains clients ou encore des conseils qui touchaient plus largement la gestion. Comme tout blogueur, au besoin, il mettait en lien un site où des explications pertinentes étaient données sur un sujet qu'il connaissait moins. Il doutait maintenant de sa stratégie, car on lui avait dit que s'il partageait ainsi son expertise en sortant parfois de son champ précis d'exercice, il nuisait à sa notoriété. Pourtant, il croyait que l'idée était bonne, car cela amenait un plus large public à lire son blogue.

Ma réponse a été fort simple : « Tout ce que vous voulez savoir est déjà expliqué dans mon blogue. Pourtant, vous m'écrivez pour que je vous le répète plutôt que de le chercher vous-même. Il en sera donc de même pour les renseignements sur votre domaine que vous mettrez en ligne. Vos futurs clients, qu'ils vous aient lu ou pas, trouveront d'abord votre blogue et, plutôt que de chercher eux-mêmes la solution, ils préféreront vous appeler pour bénéficier de vos conseils. Afficher votre expertise et montrer que vous savez résoudre des problèmes fera donc de vous un expert encore plus recherché. »

Une autre peur : le code source libre

Code source libre, code ouvert, ces concepts d'ouverture à tous et de liberté font peur. Commençons donc à démystifier la chose : d'entrée de jeu, il ne faut pas confondre le « code source libre » (ou *open source*) et le logiciel libre et gratuit. Le premier a un code libre de droits d'utilisation et le second est offert gratuitement, et les deux ne vont pas nécessairement ensemble. Le logiciel en code source libre est développé par des équipes de programmeurs et vous pouvez vous le procurer sans frais et l'utiliser pour développer votre propre site web. Le logiciel gratuit est conçu par une compagnie qui offre son produit gratuitement, mais en garde les droits. Dans le premier cas, il est facile de trouver de l'information sur le code, ses mises à jour, etc., mais dans le second, ces données sont inconnues et relatives aux pratiques du créateur.

Quand on parle de code source libre, l'argument le plus souvent utilisé par des fournisseurs de solutions propriétaires pour dissuader des clients de l'adopter est la sécurité : « Ce n'est pas sécuritaire ! » dit-on sans plus d'explications. Souvent, la peur est suffisante pour éteindre toute envie de se lancer dans l'inconnu. Avec quelques insinuations ou un peu de méconnaissance, les gens s'imaginent que leur site web ne sera pas protégé, que leur code sera ouvert, donc accessible à tous. Si c'était le cas, pourquoi le système informatique de la gendarmerie française serait-il en code source ouvert et pourquoi déclarerait-elle fièrement avoir fait des économies grâce à ça[39] ? Vous serez aussi sans doute étonné d'apprendre que la CIA et la NASA, des organisations américaines importantes, utilisent également des logiciels à code source ouvert. Quand des groupes voués à la sécurité n'ont pas peur du code source ouvert, l'argument de la sécurité n'est peut-être plus valable... Mais encore faut-il le savoir !

Quand vient le temps de faire des recommandations à mes clients, ma philosophie d'affaires est assez simple : j'aime que mes clients soient indépendants de mes services. Ils reviennent me voir car je leur ai donné satisfaction et ils sont contents de payer à nouveau pour mes services de consultation. Je présume donc qu'ils seront enclins à référer mes services à leurs amis et à leurs connaissances d'affaires, ce qui semble être le cas. Dans ce contexte, je souhaite aussi que mes clients bénéficient de la même liberté face à leurs autres fournisseurs web, et c'est pour ça que j'ai un fort penchant pour les CMS (*Content Management System* — Système de gestion des contenus) à code source ouvert, en opposition aux solutions propriétaires.

---

39 Fabien Goubet, « La gendarmerie économise grâce aux logiciels libres », Rue89, mars 2009 : http://bit.ly/gendarmerie

Ainsi, mes clients ne seront pas prisonniers d'un petit fournisseur qui leur rappellera, le jour où ils ne travailleront plus ensemble – parce que le client décide de changer de fournisseur, parce que le fournisseur fait faillite ou ferme ses portes, etc. –, que la technologie lui appartient. Autrement, ils se retrouveraient sur le carreau, avec leur contenu web, sans technologie de mise en ligne et sans les URL qui s'y rattachent.

Je vois malheureusement encore ce genre de situation. Dans un pareil imbroglio, le client peut perdre, du jour au lendemain, ses actifs web, c'est-à-dire les hyperliens externes qu'il a mis du temps et de l'argent à accumuler. Si vous changez de technologie sans avoir la collaboration du fournisseur précédent, il vous est malheureusement possible de tout perdre. De plus, si jamais votre fournisseur précédent vous vendait ou vous laissait l'accès au code source de son CMS propriétaire, vous devriez trouver quelqu'un qui aurait la difficile tâche de se débrouiller pour utiliser la « cochonnerie » d'un autre. Vous devriez aussi payer votre nouveau fournisseur pour les heures passées à apprendre ce logiciel, probablement peu documenté. À côté de ces guimbardes, vous pouvez opter pour les Cadillac que sont les CMS *open source*, qui sont très bien documentés, avec des fournisseurs potentiels aux quatre coins de la planète, soutenus par une communauté de développeurs. Et, surtout, vous conservez la propriété de ce que vous mettez en ligne par le biais d'une licence GNU GPL[40].

---

40   Selon Wikipédia, GNU est un acronyme qui se prononce « gnou », comme l'animal. Selon la boutade « *GNU's not Unix* », GNU n'est pas Unix mais un système auquel il ressemble. GPL, *General Public Licence*, est une licence d'utilisation publique. Réf. : fr.wikipedia.org/wiki/GNU

Des CMS propriétaires... vraiment ?

Ce qui est scandaleux, c'est que plusieurs petits logiciels propriétaires sont en fait des logiciels à code source ouvert qu'on a trafiqués afin de faire croire qu'ils ont été développés par une firme. Dans ce cas, on fait un collage de code source libre, puis on le maquille pour le rendre méconnaissable et on le vend ou on le loue, ce qui contrevient directement à la licence GNU GPL. En gardant ainsi la propriété d'un code source qui était libre au départ, la firme frauduleuse non seulement s'approprie le travail des développeurs de logiciels libres, mais elle le revend à des entreprises qui en savent peu sur le domaine, afin qu'elles soient éternellement prisonnières de leurs services. Ce genre de situation contrevient à toute éthique professionnelle : je tâche donc de ne pas me retrouver dans une pareille affaire et d'en informer systématiquement mes clients pour qu'ils évitent aussi d'être pris au piège.

Une histoire vraie sur ces faux « CMS propriétaires »

Ça coule de source : si une petite entreprise web vous a attaché à ses services par des tactiques sans scrupules, elle ne vous laissera pas partir facilement. Ainsi, un de mes clients ayant une marque d'importance et qui paye depuis sept ans un de ces arnaqueurs décide d'opter pour une solution à code source ouvert — WordPress MU, pour ne pas la nommer. Lorsqu'il va voir son fournisseur actuel pour l'aviser de ce changement, celui-ci lui demande :

— Mais pourquoi changer de technologie ?

— Parce que je veux la propriété de mon code, je veux être libre de travailler avec qui je veux et j'aimerais commencer à faire du Web 2.0...

— Ha... mais le Web 2, y a rien là, nous sommes maintenant au Web 3 !

Le client est bouche bée : il ne connaît pas le Web 3[41]. Il sait encore moins que c'est un concept en discussion que les spécialistes ne peuvent encore décrire concrètement. Terrible, vous pensez ? Il y a pire... Depuis sept ans, ce fournisseur achète et facture à mon client le nom de domaine de sa marque. C'est un geste simple qui consiste à acheter une adresse internet et à en renouveler la licence d'utilisation chaque année ou pour une période fixe. Lorsque le client demande à son fournisseur de lui redonner le contrôle de son nom de domaine et de faire les changements au registraire pour qu'il ait accès au DNS (*Domain Name System*, ou « système de nom de domaine »), le fournisseur lui fait du chantage. « Laisse-moi contrôler les bannières sur ton site et vendre de la pub durant trois ans, puis je te redonnerai ton nom de domaine », lui propose-t-il. C'est le comble ! De toute évidence, le dossier légal de mon client est limpide, ce nom est celui de son *brand* enregistré, donc l'ICANN[42] lui donnera raison et il recouvrera son URL et tous ses droits. Mais pour une question d'enregistrement de nom de domaine à 15 $, il devra entamer des procédures qui demandent souvent quelques mois

---

41 Amit Agarwal explique de façon schématique les trois Web. Le Web 1.0 désigne les sites classiques sans commentaires et avec un contenu statique. Le Web 2.0 est celui des communautés, des blogues, de l'interaction et du contenu produit par les utilisateurs. Jusqu'à maintenant le Web 3.0, connu comme le Web sémantique, serait fondé sur les donnés personnalisées et le Web portatif, cela dit son déploiement n'est pas encore décrit clairement. Réf. : http://bit.ly/webtrois

42 L'ICANN, pour Internet Corporation for Assigned Names and Numbers (www.icann.org), prescrit l'usage pour les noms de domaines. Selon ce que l'ICANN recommande, un organisme qui a acheté des adresses internet se rapportant à votre marque ou à une marque dont vous détenez les droits légaux doit vous les céder.

(parfois plus longtemps lorsque la partie adverse ralentit le processus) et il risque de perdre tous les hyperliens (son actif internet) qu'il a établis, à coups de millions de dollars de publicités, durant toutes ces années. Bien évidemment, la poursuite en dommages et intérêts qui pourrait suivre risque d'être onéreuse. Cette histoire, aussi grotesque soit-elle, est vraie. Finalement, les parties se sont entendues à l'amiable, et mon client a payé 15 000 $ pour quelque chose qui vaut 15 $ par an (plutôt que de choisir la poursuite, qui aurait été plus chère encore). Pour éviter ce genre de cas, plus fréquent qu'on ne le pense, vous devez :

- vous assurer d'être le propriétaire de vos noms de domaines au registraire ;
- utiliser des technologies de mise en ligne dont vous êtes propriétaire et idéalement à code source ouvert ;
- travailler avec des fournisseurs qui sont assez sûrs d'eux pour ne pas vous prendre à la gorge indûment ;
- trouver un hébergeur vous-même et obtenir l'hébergement à votre nom.

Comment vendre les médias sociaux aux patrons ?

Chris Brogan, un des penseurs respectés du Web, proposait sur son blogue douze trucs pour vendre les médias sociaux aux dirigeants d'entreprise[43]. Plusieurs de ses arguments ont déjà été repris dans ce livre. Pour profiter un peu de la sagesse de Brogan, je résume quelques-uns de ses conseils. Vous ne serez pas surpris d'apprendre qu'il mentionne l'efficacité des médias sociaux à rejoindre des millions d'internautes,

---

43 La version originale s'intitule « *Twelve Ways To Sell Social Media to Your Boss* », et a été adaptée de l'anglais par mes bons soins. Le billet original peut être trouvé ici : http://bit.ly/12trucs

dont vos clients et compétiteurs, là où ils sont déjà. Il parle aussi des faibles coûts de création de ces outils et des vastes possibilités de monitorage, qui permettent d'écouter ce qui se dit et de mesurer avec aisance les réactions à ces déclarations. Il précise aussi qu'à l'interne, on peut utiliser les médias sociaux pour encourager le travail d'équipe et le partage d'informations. Ce sont très certainement des bénéfices dont vous n'avez pas envie de vous passer et que vous pourriez facilement vendre à votre patron.

Ce que les dirigeants doivent prendre en considération pour atteindre leur cible

Le Boston Consulting Group fait état du « dilemme du chef de la direction » (dans sa version originale, *The CMO's Dilemma*[44]) : les patrons constatent qu'ils n'arrivent plus à rejoindre le grand public avec les médias de masse et qu'ils ne peuvent pas non plus le faire avec le marketing de niche. Dans son document *The End of Advertising as We Know It*[45], IBM en rajoute en affirmant que l'industrie de la publicité verra plus de changement dans les cinq prochaines années qu'elle en a vu dans les cinquante dernières. J'oserais donc résumer en disant que nous vivons une époque de turbulences et de réajustements qui bouleversera l'industrie de la presse, des médias, du marketing et des relations publiques. Conséquemment, les gens de relations publiques, habitués à communiquer à travers les médias traditionnels, devront certainement réajuster leur modèle d'affaires pour interagir avec les publics, qui deviennent désormais des interlocuteurs multiples, actifs et participants. Les chefs d'entreprise doivent donc aussi se tourner vers de nouvelles solutions.

---

44 BCG, *The CMO'S Dilemma : Can You Reach The Masses Without Mass Media?*, document PDF : http://bit.ly/cmosdilemma
45 IBM, 2007, *The End of Advertising as We Know It*, document PDF : http://bit.ly/ibmmb

En fait, les entreprises ont toujours utilisé, pour communiquer avec le grand public, une médiation qui inclut les relations avec les médias et la publicité. Pour ce secteur du marketing, les médias sociaux engendrent une nouvelle problématique : le grand public participe maintenant à la conversation et tient à donner son opinion. De plus, ce public, qui était uniquement récepteur, est devenu générateur de contenus, voire une source qui filtre lesdits contenus pour ses amis. Les contenus — médiatiques, publicitaires, de marketing et de communication — ne sont donc plus unidirectionnels, et leur création n'est plus l'apanage d'une gang de « créatifs » et de communicateurs.

La démocratisation des contenus touche aussi plusieurs autres sphères de l'activité humaine. Par exemple, avant d'aller voir le médecin, le patient s'informe désormais sur le Web et arrive avec des questions et des renseignements qu'il veut faire valider par le professionnel. En milieu scolaire, l'étudiant remet en question les dires du professeur et cherche à valider par lui-même le corpus et les savoirs qui étaient jadis détenus par un professeur se posant en manitou. Nous pourrions continuer avec bien d'autres exemples pour illustrer à quel point les changements que nous vivons sont profonds et remettent beaucoup de choses en perspective. Ajoutons à cela le problème de la gratuité des contenus, de leur mise en contexte et des modèles d'affaires qui les sous-tendent, et nous commençons à avoir une bonne liste des archétypes à revoir.

Si tout est gratuit, comment gagnera-t-on de l'argent avec le contenu ?

L'argent n'est plus dans les contenus, mais plutôt dans les mises en contexte — comme l'explique si bien le blogue

AFP-MediaWatch[46] — et les produits dérivés qu'ils entraînent. Cependant, il y aura toujours des gens qui seront payés pour créer des contenus originaux, à haute valeur ajoutée. Vous vous demandez donc quelle est cette valeur ajoutée ? À mon avis, elle se trouve désormais dans l'aspect local, dans la qualité de l'analyse des données et dans la mise en perspective d'un contenu. En ce sens, les médias et les journalistes agiront comme des filtres et des « agrégateurs » de l'information (qui est accessible à tous), qu'ils bonifieront par la suite de leur commentaire et de leur expertise de pointe.

L'économiste Jacques Attali donne une explication très intéressante des modèles d'affaires à venir dans le contexte de la gratuité :

> La gratuité d'un service pour le consommateur n'entraîne pas nécessairement celle du travail de celui qui le fournit. Le projet de loi [Hadopi] ne vise qu'à freiner le développement d'Internet pour préserver le profit des *majors*[47].

Continuant à réfléchir sur la gratuité, il explique que la culture a toujours été financée par la société et qu'elle devrait donc l'être aussi sur le Web, ce qui n'est pas encore le cas. Les modèles d'affaires des créateurs bénéficieront donc de cette manne réorientée vers le Web, afin de financer leurs activités. Pour arriver à tirer des revenus de celles-ci et en garantir la pérennité, d'autres entreprises devront revoir leur stratégie de développement de produits dérivés et de création de contenus, afin de sélectionner les activités profitables. Par exemple, je ne fais que

---

46 Dans le texte « *Context is king!* », écrit en français, Eric Scherer explique la révolution qui touche les médias traditionnels et élabore l'idée qu'avec la multiplication des médias sociaux, c'est la mise en contexte et l'action éditoriale qui priment. Réf. : http://bit.ly/contextisking

47 Tiré de Slate.fr, « Jacques Attali répond aux artistes », publié le 16 mars 2009 : http://bit.ly/attalislate

peu de profits directs avec mes contenus médias sociaux (mon blogue et mes autres participations), mais je vis vraiment très bien des produits dérivés que sont mes services-conseils et mes conférences. C'est ce genre de réflexion que devront faire les entreprises.

Un média social porteur de contenus : le blogue

Je le dis souvent, le blogue demeure à mon avis le roi des médias sociaux. Sa flexibilité, ses nombreux usages et son référencement hors pair en font un outil idéal. Quand on dit « blogue » ou « cybercarnet », beaucoup pensent encore au journal personnel en ligne. Pourtant, comme nous l'avons vu plus tôt, le blogue comme outil de communication d'affaires est encore en plein essor. Si bien que nous n'avons toujours pas vu toutes les possibilités de ses différentes déclinaisons.

Blogue externe et interne

Le blogue externe est un blogue accessible à tous par Internet. Dès les premiers blogues d'affaires, vers 2005, les entreprises les utilisaient principalement dans un contexte de relations publiques et de marketing pour présenter leurs messages et leurs produits. En ce sens, le blogue est vite apparu comme un outil idéal pour communiquer la vision des dirigeants d'entreprise et amorcer une conversation avec les clients.

Le blogue interne est souvent accessible à partir du réseau intranet d'une entreprise et est utilisé pour réduire l'envoi de messages ou de mémos courriel aux employés. Grâce à son système de classification de l'information, on peut regrouper les contenus par catégories ou mots clés, et sa nature incite aux commentaires et à la collaboration entre les employés. Les projets de blogues internes en entreprises sont multiples et peuvent se décliner à l'infini pour promouvoir plusieurs initiatives associées à la gestion des ressources humaines et à l'échange de savoirs.

Les entreprises devraient considérer les technologies blogues[48], étant donné leur prix ridicule comparé aux nombreuses fonctionnalités qu'elles offrent et pour leur aspect *user-friendly*, qui fait en sorte que les gestionnaires et le personnel n'ont pas de mal à s'approprier l'outil de mise en ligne. Quant à l'utilisation, les entreprises vont souvent considérer l'accroissement des ventes ou les opérations de relations publiques qu'offrent ces technologies. Ces angles sont particulièrement intéressants et j'ai déjà discouru des avantages indéniables de ce type de technologies en termes de positionnement marketing[49] et de relations publiques[50]. Cependant, ce type d'outil suppose une ouverture au dialogue, à la critique, à la transparence et à l'authenticité que plusieurs départements des communications, contentieux et directions générales ne voient malheureusement pas encore d'un bon œil. De plus, les entreprises oublient souvent que les blogues peuvent aussi servir...

- sous forme d'Intranet sécurisé :
  - d'outils de gestion et de partage des connaissances ;
  - d'outils de gestion de projets d'équipe dispersés ;

---

48 Information tirée de mon blogue, « Les deux côtés de la médaille des blogues dans un contexte d'affaires » : http://bit.ly/bloguemb

49 À ce propos, voir ma présentation « Les retombées d'un blogue pour une entreprise de service-conseil » : http://bit.ly/bloguemb1 Sur le même sujet, on peut aussi lire : « Pourquoi les blogues sont-ils avantageux pour une stratégie de positionnement web ? » à http://bit.ly/bloguemb2 ou « Pourquoi les blogues sont-ils bien positionnés dans les moteurs de recherches ? », à http://bit.ly/bloguemb3

50 Un de mes billets sur les relations de presse : http://bit.ly/relationspresse

- de véhicules d'information de ressources humaines ;
  - de lieux de rassemblement et d'échange du comité social de l'entreprise, etc.
- sous forme d'Extranet sécurisé :
  - d'outils de gestion de diffusion et de contact journalistiques du département des relations publiques (comme chez Renault[51]) ;
  - d'outils de gestion des fournisseurs externes ;
  - de lieux d'échange avec les partenaires d'affaires ;
  - de récipients d'information pour les travailleurs à domicile.
- d'outils de gestion, de communication, de formation avec la clientèle et les usagers préenregistrés. Vous pouvez d'ailleurs y insérer des vidéos (vidéoblogues), des bandes audio (baladodiffusion), des images, etc.

La gestion des commentaires sur un blogue : responsabilité légale et politique

Même en entreprise, le bidirectionnel fait peur, car la possibilité de recevoir des réactions recèle aussi la possibilité d'être contredit, voire humilié ou insulté. Que faire alors ? Il faut un cadre clair pour répondre aux différentes interventions ou pour les modérer. En 2006, j'ai suivi la dispute légale entre la Ville de Sainte-Adèle et un blogueur dont les propos donnaient lieu à des commentaires considérés nuisibles et diffamatoires. En mars 2010, le même genre de litige opposait la Ville de Rawdon à des gestionnaires de forums de discussion en

---

51 Dans mon billet « Le Web devient un outil formidable de relations de presse pour les entreprises », je citais le site dédié aux médias de la compagnie Renault : http://bit.ly/renaultmb

ligne⁵². Les moyens pris dans le cas de 2006 étaient les mêmes que dans le cas de 2010. Le réflexe des villes est de payer des avocats, souvent fort cher, et de faire des mises en demeure pour que le contenu soit retiré. D'un côté comme de l'autre, il y avait des façons plus aisées et moins coûteuses de procéder.

Quelles autres avenues s'offraient à ces municipalités ? Tout d'abord, elles pouvaient répondre aux attaques sur les billets des blogues concernés. Elles auraient pu aussi développer leur propre blogue municipal ou reprendre les critiques qui les visaient et leur répondre ouvertement et franchement avec des éléments d'information soutenant leurs propos, pour ainsi n'utiliser l'outil juridique qu'en dernier ressort. L'impression que cette action juridique laisse au commun des mortels en est une de fermeture à la critique et à la discussion.

Il faut savoir que, déjà en 2003, Michel Dumais abordait dans *Le Devoir* la responsabilité du blogueur qui publie à titre de journaliste citoyen. Quelques années seulement après la création des blogues, pour ce chroniqueur de la première heure en matière de Web et de médias en ligne, les poursuites étaient inévitables. Il citait alors Karim Benyekhlef, professeur au Centre de recherche en droit public de l'Université de Montréal, qui disait : « Il ne faut pas oublier que le blogueur est aussi un éditeur et, par le fait même, responsable du contenu publié sur son carnet zeb⁵³. » La loi avait parlé, il ne restait qu'à écrire l'histoire.

La responsabilité légale du blogueur

En ce qui concerne le cas de Sainte-Adèle, Vincent Gautrais, une sommité mondiale en droit des TI et titulaire de la

---

52   Yves Boisvert, « Forums de discussion et diffamation », *La Presse*, 5 avril 2010 : http://bit.ly/yvesboisvert
53   Michel Dumais, « Regards sur le journalisme citoyen, deuxième partie », *Le Devoir*, 18 août 2003 : http://bit.ly/micheldumais

Chaire en droit de la sécurité et des affaires électroniques de l'Université de Montréal, avait esquissé une réponse à la question qui nous tient à cœur : un blogueur peut-il être tenu responsable des commentaires problématiques sur son blogue ? Vincent Gautrais a rédigé un billet éclairant intitulé « OK Corral à Sainte-Adèle[54] ». Je l'avais alors reproduit en partie avec sa permission sur mon blogue.

Quand on veut déterminer la responsabilité d'un blogueur devant des commentaires haineux ou diffamatoires sur son blogue, il y a deux points de vue à considérer.

En premier lieu, on compare parfois la responsabilité des blogueurs à celle des hébergeurs en matière de diffamation. Ainsi le blogue dont aucun commentaire n'est modéré s'apparenterait à un hébergeur[55]. Son propriétaire n'est donc pas responsable des propos tenus par des commentateurs, mais en cas de problème, il risque de le devenir assez rapidement. En second lieu, en refusant alors de donner suite à la mise en demeure et de retirer un contenu (identifiant apparemment les commentaires litigieux), il pourrait se voir incriminé. Dans le cas de Sainte-Adèle, il y avait une « apparence d'activités illicites ». Je ne crois pas que ce constat avait été fait après une recherche approfondie, mais la dispute a pris sa source sur cette base.

Le second point soulevé par Vincent Gautrais touche l'article 22 de la *Loi concernant le cadre juridique des technologies de l'information,* qui se lit comme suit : « Le prestataire de services qui agit à titre d'intermédiaire pour offrir des services de conservation de documents technologiques sur un réseau de communication n'est pas responsable des activités accomplies par l'utilisateur du service au moyen

---
54   Le billet entier peut être lu ici : http://bit.ly/vincentgautrais
55   Pour en savoir plus sur la responsabilité des hébergeurs, se référer à la Fondation du Barreau du Québec, document en PDF : http://bit.ly/barreau

des documents remisés par ce dernier ou à la demande de celui-ci[56]. » Mis à part les cas des municipalités cités plus haut, nous connaissons peu de blogueurs tenus responsables des commentaires sur leurs blogues ; nous devrons donc attendre pour consulter une jurisprudence conséquente au Québec. Notons toutefois que le Forum des droits sur l'internet, en France, propose un guide sur les responsabilités liées aux blogues intitulé *Je blogue tranquille*[57]. Dans sa recommandation du 8 juillet 2003[58], il est suggéré que les blogues soient considérés comme des hébergeurs, ce qui est déjà le cas au Québec. De façon très claire, ce guide précise : « Le blogueur est responsable des propos qu'il tient sur son blogue mais aussi de l'ensemble des éléments qu'il édite », ce qui inclut les commentaires. Cela force également le blogueur au respect des droits d'auteur et de la propriété intellectuelle.

Ma politique des commentaires

Mon blogue étant très fréquenté, j'ai pris un engagement envers mes lecteurs en publiant une mise en garde sur la nature de mes propos et mon franc-parler, et j'ai rédigé une politique éditoriale des commentaires de mes lecteurs, que je reproduis ici.

- Si vous diffamez qui que ce soit sur ce blogue, vos commentaires seront caviardés. Je suis moi-même parfois très dure dans mes billets, mais je n'ai jamais diffamé personne. Si tel était le cas, comme je signe

---

56 *Loi concernant le cadre juridique des technologies de l'information* : http://bit.ly/loicadre
57 Du site du Forum des droits sur l'internet, document PDF : http://bit.ly/jebloguetranquille
58 On trouve le texte ici : http://bit.ly/foruminternet

ce blogue, je pourrais être tenue responsable de mes écrits et je suis assez grande pour subir les conséquences de mes propres actes et propos.

- Comme j'assume ce que je dis, je m'attends à ce que ceux qui font des commentaires ici en fassent autant. Vous pouvez toujours commenter sous un pseudonyme, mais les commentaires totalement anonymes pourraient être effacés. Si vous n'avez pas la colonne vertébrale assez solide pour être associé à ce que vous dites, je pourrais ne pas avoir de respect pour votre lâcheté.
- Si vous m'insultez dans vos commentaires, ils pourraient ne pas être publiés. Vous pouvez être en désaccord et même me crier des noms. Mais assurez-vous d'argumenter convenablement. De simples insultes ne seront pas publiées.
- N'incluez pas ma mère (qui est défunte), mon père, mon frère, ma sœur ni ma conjointe dans vos propos. Ils ne sont pas ceux qui tiennent ce blogue et moi, dans plus de 2 000 billets, je n'ai jamais traîné la famille de qui que ce soit dans la boue.
- Les nouveaux commentaires sur des billets ayant été publiés il y a plus de trois mois, même s'ils sont à propos, peuvent ne pas être publiés. Personne n'est parfait et nos idées évoluent. Il est très possible que je ne sois plus du tout d'accord avec ce que j'ai écrit l'an passé. Le blogue est un média instantané, et la discussion sous forme de commentaires se doit de l'être aussi. Je suis prête à accorder un certain temps de flottement, mais vous conviendrez avec moi que commenter des billets de plus de trois mois, c'est comme dialoguer avec moi et me dire : « Je ne suis pas d'accord avec ce que tu as dit par le passé. » Vous n'aviez qu'à ne pas être d'accord trois mois plus tôt. Lisez mon blogue régulièrement et commentez à votre gré sur les sujets du moment.

Pour un contenu conséquent : des exemples de politique éditoriale

J'ai partagé avec vous la politique éditoriale des commentaires sur mon blogue, mais comme entreprise, vous vous doterez peut-être aussi d'une politique éditoriale des contenus sur Internet. À ce propos, je donne en exemple la politique d'AgoraVox[59], un site français de journalisme citoyen, qui spécifie très bien les rôles et responsabilités des journalistes participants et des éditeurs. Abby Naslund, pour sa part, propose le document en format PDF *Corporate Blogging Policies and Guidelines*[60], qui recense les politiques éditoriales de plusieurs bonzes du Web.

Un exemple de cadre de gestion : le cas de la US Air Force

Les forces armées sont souvent prises comme modèle des méthodes de gestion d'entreprise. Même en ce qui a trait à l'innovation en médecine, en ingénierie, en technologie ou en gestion, toutes ces disciplines récoltent énormément des expérimentations militaires. Les forces ne perdent pas de terrain en communication, il en va donc de même pour leur gestion des médias sociaux. Ainsi, un excellent tableau sur le processus d'une réponse adéquate à un commentaire sur un blogue officiel a été développé par la US Air Force ; il devrait encourager, par son ouverture et sa précision, bien des départements des communications et des médias sociaux, comme les gestionnaires qui se chargeront de développer les communications par les réseaux sociaux. Un document à garder en mémoire, ou mieux encore, à imprimer et à mettre sur son babillard pour s'en inspirer.

---

59 Vous pouvez trouver cette politique à l'adresse suivante : http://bit.ly/agoravoxmb
60 Le document peut être consulté ici : http://bit.ly/bloggingpolicies

Les Médias sociaux 101

Tableau 1 Air Force : évaluation des réponses Web v. 2[61]
Agence des affaires publiques de la Air Force, Division des technologies émergentes

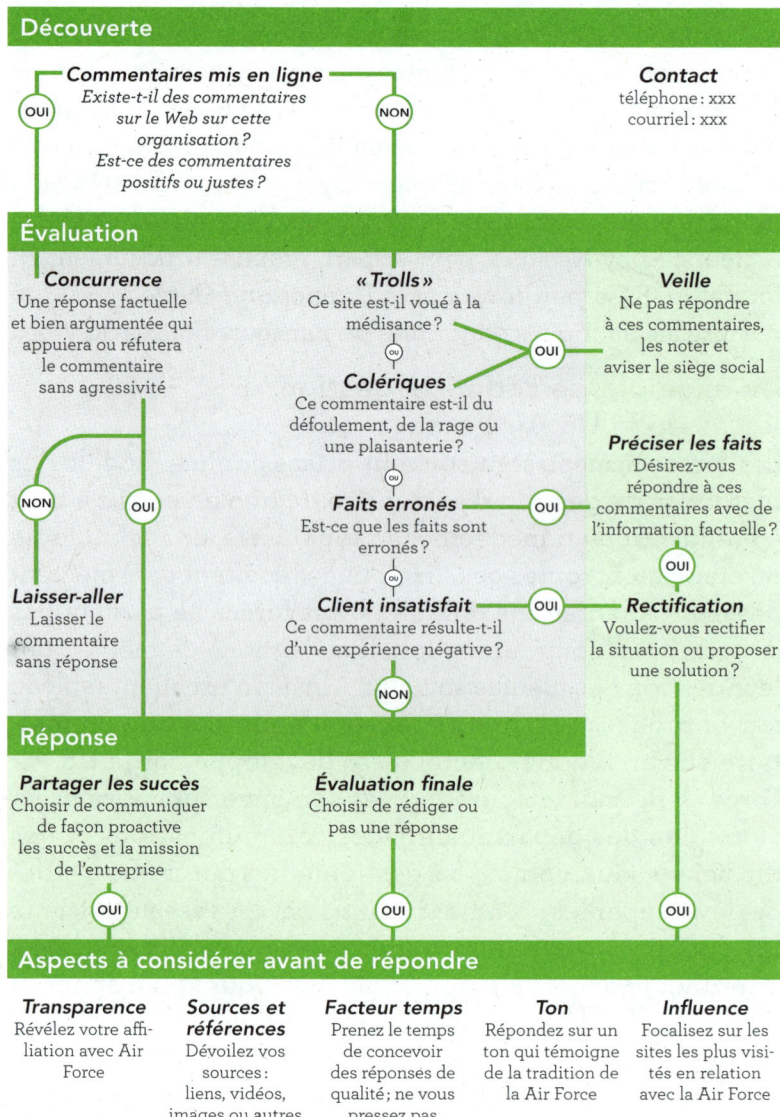

61 Tiré d'un tableau publié sur MarketingVOX : http://bit.ly/usairforce

La nouvelle génération, l'entreprise et le Web

Dans une entrevue avec le magazine en ligne Direction Informatique[62], j'expliquais que la réalité des moins de vingt-cinq ans, que l'on nomme aussi les « natifs numériques[63] », qui n'ont jamais connu un monde sans ordinateurs et téléphones cellulaires, est fort différente de la nôtre. Que leurs perceptions correspondent aux nôtres ou non, nous n'avons pas le choix de les inclure dans nos considérations d'affaires. Pour la jeune génération – car après les « Y » arrivent nos « natifs numériques », ou les « C » –, le travail, la collaboration et le divertissement sont équivalents et devraient coexister en tout temps. Peu résignés à intégrer notre réalité, ils se disent que si le travail ne correspond pas à la leur, ils changeront d'emploi. Si la collaboration en entreprise n'est pas favorisée, ils iront voir ailleurs... Tandis que vous en êtes peut-être encore à apprendre comment utiliser pleinement votre courriel, pour les plus jeunes, le courriel, c'est déjà dépassé. Les jeunes communiquent par messagerie instantanée, ils s'informent sur les blogues, les wikis et Facebook. S'ils ont quelque chose à dire, c'est tout de suite qu'ils le disent car, une demi-heure plus tard, ce ne sera peut-être plus pertinent. Implanter une pareille vision dans l'entreprise classique change beaucoup de choses et nécessite une grande adaptation.

Un sondage commandité par Telindus et cité sur IT Business Edge[64] révélait que 39 % des Américains de dix-huit à

---

62 Daniel Bindley et Patrice Dumas, « Génération C, comme dans "consommation" et... "changement" », Direction Informatique, 27 octobre 2010 : http://bit.ly/directioninformatique
63 La génération C, ou les natifs numériques (de *digital natives*), inclut les gens nés entre 1982 et 1996, et dont les plus vieux sont sur le marché du travail : http://bit.ly/natifs
64 IT Business Edge : http://bit.ly/itbusiness

vingt-quatre ans envisageraient de quitter leur emploi si l'entreprise bloquait Facebook, et que 21 % seraient dégoûtés par une telle pratique[65]. Voilà des statistiques assez surprenantes qui militent pour une plus grande ouverture des entreprises à propos des médias sociaux. Cela vous semble étrange ? Ce qui me paraît encore plus étrange, c'est qu'une entreprise dépense plusieurs dizaines de milliers de dollars pour embaucher des employés qu'elle soumet à toute une gamme d'évaluations et que, lorsque enfin les employés arrivent dans la compagnie, elle leur signifie qu'on ne leur fait pas suffisamment confiance pour les laisser naviguer de manière responsable durant leurs heures de travail. Quant à l'argument qui veut que les gens perdent du temps sur Internet, dites-vous qu'un employé qui veut perdre du temps au travail peut le faire autrement qu'en naviguant sur le Web. Il existe d'ailleurs un logiciel très utilisé par les employés qui veulent perdre leur temps et qui n'est presque jamais bloqué par les gestionnaires TI. Il s'agit du jeu Solitaire. Est-il besoin de dire que les problèmes de productivité au travail existaient avant le Web et que quelqu'un qui veut se « pogner le cul » trouvera des moyens particulièrement imaginatifs pour exprimer son manque d'assiduité ?

Il faut en conclure que, pour intéresser les jeunes à votre entreprise ou retenir leur attention et leurs services, l'ouverture aux médias sociaux est fondamentale. Déjà, certaines entreprises recrutent les 18-30 ans là où ils se trouvent, soit sur les médias sociaux. Le mouvement est amorcé et il n'y aura pas de marche arrière.

---

65 Traduction des chiffres donnés sur http://bit.ly/itbusiness

Le *mashup* : des pistes pour être moins « poche » sur le Web

Après avoir absorbé tout cela, vous vous demandez comment mettre ces principes en application et amorcer une présence zeb efficace. Comment avoir un site zeb construit à partir d'un code source ouvert, tenir un blogue et des profils sur les médias sociaux sans se perdre ? Le *mashup* (que j'aime bien traduire par « pâté chinois » : steak, blé d'Inde, patate), ou le site web fait d'applications composites, est une des pistes à explorer. Par exemple, quand on insère un contenu généré par Goglu Maps, un fil RSS ou une banque de données qui permet de fouiller un catalogue en ligne, on fait du *mashup*. Les données peuvent être internes (provenir de vos bases de données pour un catalogue) ou externes et de sources multiples (quand il est question de Goglu Maps ou d'un fil RSS externe, par exemple).

Vous l'avez compris, Internet ne change pas nos motivations mais modifie les outils que nous utilisons pour faire des affaires, recruter des employés, promouvoir nos activités ou simplement interagir avec nos amis et connaissances. Il faut en prendre conscience d'abord, mais une fois que c'est fait, il y a parfois encore loin de la coupe aux lèvres...

Chapitre 3

LA POLITIQUE 2.0

On y arrive ou pas?

En 2008, une jeune et gentille candidate aux élections provinciales est venue me parler lors de Yulbiz[66] Montréal, la rencontre mensuelle des blogueurs d'affaires. Elle voulait savoir quels étaient les problèmes de notre économie numérique, quelle était la position de Yulbiz et où elle pouvait trouver la lettre que nous avions écrite au premier ministre[67]. Dans cette lettre, un groupe de blogueurs, dont je faisais partie, expliquait à M. Charest que le Québec avait (et a toujours) besoin d'un plan numérique. Cette jeune candidate voulait pousser le dossier auprès des instances de son parti. Avec tout ce que je savais du milieu politique, j'avais de gros doutes quant à sa capacité de faire bouger le dinosaure, mais je me suis dit que son enthousiasme était bien placé. Au cours des semaines suivantes, un fonctionnaire d'un ministère provincial me posait les mêmes questions, dans le but avoué de faire la même chose dans son ministère. C'était il y a deux ans, le Québec n'a toujours pas de

66   Site de Yulbiz : yulbiz.org/a-propos/
67   Lettre au premier ministre : http://bit.ly/lettreaupm

plan numérique et notre fonction publique débat encore des questions d'utilisation du Web, du 2.0, voire de la nécessité d'une présence efficace sur Internet. Quand nous parlons de Web et de politique, nous parlons aussi de structures régies par des lois et des façons de faire d'un autre siècle... Nous sommes bien au XXIe siècle, à l'ère du Web, mais il reste beaucoup de questions en suspens.

Le Directeur général des élections du Québec

Chaque fois que j'ai parlé du Directeur général des élections du Québec (DGEQ) dans mon blogue, c'était pour m'attrister de son incompétence apparente en matière de communication web ou du manque de compréhension et de vision de l'organisme à ce chapitre. C'est à se demander qui travaillait là et, surtout, qui conseillait le DGEQ! Plusieurs amis et lecteurs de mon blogue connaissent mon intérêt pour l'utilisation du Web dans des contextes électoraux et gouvernementaux, donc, en 2008, lorsque *La Presse* a publié un article à ce sujet, plusieurs me l'ont signalé. À la lecture de l'article, lorsque j'ai appris que le DGEQ voulait contrôler l'Internet aux élections[68], ma première réaction est venue du fond du cœur : « Quelle connerie ! »

Je ne réagissais pas sans connaître le sujet, je surveillais cette question depuis plusieurs années et, d'ailleurs, j'avais mis sur l'un de mes blogues un chapitre d'une étude confidentielle beaucoup plus volumineuse portant sur la votation électronique, « *World Governmental Electronic Voting Experiments*[69] ». De plus, dans la catégorie « Gouvernement

---

68 Jocelyne Richer, « Le DGE veut contrôler l'Internet aux élections », *La Presse*, septembre 2008 : http://bit.ly/jocelynericher
69 Du blogue Web marketing frog : http://bit.ly/wmfrog

électronique » de mon blogue, je discute depuis quelques années de sujets liés aux instances gouvernementales, incluant les partis politiques et le Web. Pour revenir au DGEQ, dans l'article de *La Presse*, on pouvait lire :

> « Mais le problème soulevé ne vient pas tant des partis politiques comme tels, qui ont appris à se policer et à respecter les règles du jeu, mais plutôt d'internautes soucieux d'influencer l'opinion publique. Le problème, c'est les tiers, les gens qui, de leur sous-sol, ou des groupes [sic] qui ne sont pas autorisés par un agent officiel, qui décident d'utiliser Internet pour diffuser un message », explique le porte-parole du DGEQ, Denis Dion.

Il est certain que les partis politiques ont appris à se policer. Ils le font d'ailleurs si bien qu'ils n'arrivent à rien faire de bon en ligne. Si l'on compare à ce qui a cours en France et aux États-Unis, on constate qu'on a un retard colossal à rattraper. Donc, pour l'instant, le DGE n'a pas à s'inquiéter de ce que font les partis sur le Web. Ils en sont pratiquement absents et ce qu'ils font est de travers de toute manière. Qui faudrait-il donc surveiller sur Internet selon le DGEQ ? Les internautes militants qui pitonnent dans leur sous-sol ! Ce sont eux qui mettent le système politique en danger. Ils comprennent Facebook, YouTube, les blogues, Twitter et la puissance des réseaux sociaux. Il faut donc les surveiller. Mais comment faire cela ? Pour l'instant, il semble que ça ne se fait que par la dénonciation. Bonjour, les belles valeurs démocratiques !

D'ailleurs, en février 2007, je ne rigolais qu'à moitié quand le même porte-parole du DGEQ, Denis Dion, a dit dans une entrevue accordée à Sébastien Rodrigue pour la section « Technaute » de *La Presse* que le DGEQ ne ferait pas la police du Web[70]... Cependant, quelques jours plus

---

70 Sébastien Rodrigue, « Le DGE ne patrouillera pas Internet », *La Presse*, 23 février 2007 : http://bit.ly/sebastienrodrigue2

tard, j'apprenais par le journaliste Philippe Schnobb, de Radio-Canada, que le DGEQ mettait en demeure des internautes afin qu'ils retirent des vidéos de YouTube[71]. Il estimait que ces vidéos étaient de nature « à favoriser un candidat ou un parti ».

Le DGEQ et la votation électronique : comme avec le Web, on attend un miracle…

Dans un billet publié en novembre 2006, j'évoquais la triste histoire du laisser-aller complet des municipalités quant au choix des technologies à employer pour la votation électronique. Ce qui fut suivi d'un constat d'échec des technologies utilisées que j'avais appréhendé des années plus tôt. Le DGEQ laissait faire n'importe quoi, ne prenait pas ses responsabilités, puis s'indignait de l'inefficacité qui en résultait. Pourtant le sujet n'était pas nouveau, mais les partis politiques tardaient à considérer les options qui s'offraient à eux. Déjà lors des élections municipales, je notais dans l'article « *World Governmental Electronic Voting Experiments* » (rédigé en octobre 2004) deux ingrédients récurrents dans les expériences de votation électronique tant positives que négatives. J'ai aussi mis un bon nombre d'exemples, expériences et conclusions sur mon blogue[72]. En bref, il faut savoir que les principaux ingrédients à utiliser pour connaître un succès sont la disponibilité du code source et l'aspect multicanal de l'exercice de votation électronique.

Il y a des raisons de s'intéresser aux systèmes de votation électronique bien développés. D'autant plus que nous avons, au Québec et au Canada, des centres de recherche

---

71   Philippe Schnobb, « Le DGE demande le retrait de vidéos sur YouTube », Radio-Canada, mars 2007 : http://bit.ly/schnobb
72   Le billet original publié sur mon blogue : http://bit.ly/experimentsmb

informatique de pointe, une communauté technologique effervescente et un système démocratique envié de par le monde. Pourquoi ne pas former un consortium dont le but serait de développer une technologie de votation électronique à code source ouvert et multicanal qui serait avantageuse pour la démocratie, et d'exporter ensuite nos connaissances ? Nous n'aurions pas à réinventer la roue, puisque plusieurs logiciels de votation électronique à code source libre existent déjà[73]. Nous n'aurions en fait qu'à développer et à raffiner pour nos propres besoins ces excellents logiciels.

Bénéfices possibles de la votation électronique bien gérée

Songez aux malades alités dans les hôpitaux, aux prisonniers que nous devons faire voter et aux diverses communautés éparpillées dans le Grand Nord. Leur droit de vote serait garanti et les coûts associés à cet exercice démocratique se trouveraient certainement abaissés ! Pensez aussi aux jeunes qui se délestent de leur devoir de citoyen ; les nouvelles technologies ont peut-être le pouvoir de les faire s'impliquer de nouveau. Songez aux analphabètes ! Au Brésil et en Inde, les mécanismes de votation électronique leur ont permis de voter pour la première fois. Ils peuvent en effet reconnaître un visage ou le logo d'un parti sans avoir à lire le bulletin de vote ! Les solutions électroniques pourraient également venir en aide aux handicapés auditifs ou visuels. Je suis peut-être une rêveuse, mais les rêves partagés se concrétisent parfois.

Si nous n'en sommes pas encore là, ce n'est donc pas parce qu'il n'existe pas de littérature ou de compétences

---

73 En 2006, Kim Vetter, sur Wired, dans « *Building a Better Voting Machine* », propose quelques avenues en ce sens : http://bit.ly/kimvetter

dans le domaine, c'est que les décideurs ont manqué de vision et d'information. Si je me fie aux différentes prises de position contradictoires et peu informées du DGEQ vis-à-vis du Web et des technologies, la situation ne risque pas de changer de sitôt, et rien ne nous permettra de bénéficier des expériences internationales. Mais je peux me tromper et, si c'était le cas, j'en serais très heureuse...

Pour ce qui est de la présence web, où en sont nos partis canadiens ?

Du Web 1 au Web 2...

Notre culture du Web en politique n'est pas avancée et ces quelques observations sur l'organisme qui police les partis en sont la preuve flagrante. La révolution ne viendra pas de nos partis politiques, et il est vraiment décourageant de constater à quel point les grands partis fédéraux et provinciaux, hormis le Bloc québécois et le Parti vert, ne comprennent pas la philosophie et les avantages de la conversation à l'ère du Web 2. La différence entre le Web 1 et le Web 2 est simple : l'un communique de façon unidirectionnelle et l'autre fait de la conversation interactive et bidirectionnelle. Nos partis sont présents dans les médias sociaux, mais de façon unidirectionnelle, c'est-à-dire pour y faire ce que j'appelle un « concours de quéquette ». Bref, ils ont compris l'importance d'être sur le Web, mais ils n'ont pas encore pris le virage du Web 2.

Il en va de même pour Twitter. Les chefs de parti y sont tous présents. Cela dit, qu'on soit un parti politique, un chef de parti ou une entreprise, pour profiter de leurs avantages, il faut suivre les quelques principes de base propres aux médias sociaux. Je les ai énoncés plus haut et vous commencez à bien les connaître. Mais comme pour Facebook, une fois qu'ils sont sur Twitter, nos politiciens gardent une certaine distance avec les usagers en maintenant une communication unidirectionnelle. Ils utilisent leur profil comme un fil de nouvelles qui émet et ils n'interagissent pas. Cela se résume donc trop souvent à lancer leur message et à republier (ou retwitter) les messages des officiels du parti. Il y a des exceptions : Gilles Duceppe, du Bloc québécois, et Elizabeth May, du Parti vert, daignent quelquefois participer aux conversations que des twittereurs entament avec eux. Pour les autres chefs de parti, c'est encore un outil qui vise à prouver « qui pissera le plus loin », en étant partout et en poussant ses idées sur tous les supports disponibles. Vous pouvez facilement vérifier mon affirmation en visitant l'agrégateur de tweets des chefs de parti sur http://electopinion.ca et en repérant le nombre de réponses (avec un @) qui sont faites à d'autres twittereurs. Il y en a bien peu !

De même, pour être partout et sur toutes les plateformes, les partis politiques ont des profils sur d'autres outils sociaux populaires, comme YouTube ou Flickr, mais encore là, le potentiel interactif de ces outils est oblitéré et plutôt que de converser, nos partis s'en servent pour passer leur message de façon unidirectionnelle. Partout, le mot d'ordre est de diffuser, plutôt que d'engager un dialogue. L'aspect 2.0 de ces outils est donc complètement ignoré.

Cela semble être une habitude car, sur les sites des différents partis, nous retrouvons encore le « je, me, moi » unidirectionnel, sauf sur celui du Bloc québécois[74], qui a l'intelligence d'inciter au dialogue, par le biais de son blogue[75], à partir du *widget* « Venez discuter ». Pour cette application, je leur donne une très bonne note ; on peut effectivement constater que sur leur blogue, la discussion s'engage vraiment.

---

74   www.blocquebecois.org/accueil.aspx
75   blogue.blocquebecois.org/

Peut-être sous-estime-t-on, du côté de nos partis politiques, le poids de l'opinion d'une communauté de diffuseurs et de dialogueurs comme celle de Twitter, bonne deuxième après les médias généralistes. Si nos partis canadiens mesuraient bien l'influence de ce groupe, ils comprendraient probablement la nécessité d'avoir plus qu'une présence passive ou unidirectionnelle pour le rejoindre.

Est-ce une question de réflexe ou de tradition en communication politique? Peut-être, car récemment, le jeune parti provincial Québec solidaire a fait son entrée sur Twitter avec une tout autre philosophie. J'avais été touchée par un échange avec la twittereuse de Québec solidaire et j'en avais alors fait un billet pour décrire les communications du parti sur ce média. Les cyniques diront que la twittereuse de Québec solidaire est une opportuniste, qu'elle connaissait ma situation et qu'elle a capitalisé sur un sujet d'intérêt pour moi, soit le transsexualisme. Si tel est le cas, c'est drôlement efficace et pertinent dans une optique de communication bidirectionnelle. N'est-ce pas ainsi qu'on entre en relation avec les gens dans la vie? En leur parlant de ce qui les intéresse? Vous pourriez dire qu'elle sait que je suis une blogueuse influente et qu'elle tente stratégiquement de me faire pencher du bord de Québec solidaire. Je vous répondrai alors que l'approche humaine est à la portée de tous les partis, mais encore faut-il d'abord qu'ils comprennent ce qu'est l'influence en ligne, qui sont les « influenceurs » et comment les rejoindre. Cela demande une écoute et une analyse peu commune au sein des partis provinciaux et fédéraux. Pour ma part, je préfère croire que cette jeune femme s'investit réellement dans son activité de communication en ligne et qu'elle croit à l'influence de ces réseaux. Contrairement à ce que relate le copain Tristan Péloquin, citant Mario Dumont qui minimisait l'importance des blogues et favorisait les poignées de mains, cette communicatrice sait très bien que les blogueurs ont une influence importante et que les top blogueurs sont sur Twitter. Malgré ma réaction favorable aux échanges avec Québec solidaire sur Twitter, je tiens à mentionner que je n'ai jamais voté pour eux, que je suis de centre-droite et résolument pro-affaires et antisyndicaliste. Toutefois, dans la vie, rien n'étant coulé dans le béton, cela pourrait changer. Mes lecteurs ne partagent pas toutes mes convictions, donc quand je raconte une expérience positive avec un représentant de Québec solidaire, cette perception peut influencer certains d'entre eux à pencher en faveur de ce parti. On ne perd donc rien à faire bonne impression sur un blogueur influent.

Cela dit, même dans une perspective plus traditionnelle comme celle que défendait Mario Dumont, soit les rencontres, les discussions, les assemblées de cuisine et les séances de poignées de mains, le Web peut être un formidable outil de mobilisation. Il est possible d'outiller les citoyens pour qu'ils sortent les débats du Web et qu'ils les continuent dans des assemblées de cuisine, comme l'avait initié Howard Dean avec l'outil Meetup. Encore là, disons-le, aucun de nos stratèges politiques ne semble avoir perçu le pouvoir de réseautage du Web et les possibilités de transposer ses applications dans le « monde réel ».

Je suggérerais donc aux partis politiques d'arrêter de se regarder le nombril (ou la quéquette, c'est selon) pour essayer de concevoir qu'il est possible d'avoir un dialogue constructif avec l'électorat. J'ai bien peur d'être encore en train de rêver. Entre-temps, je continuerai d'apprécier ce qui se fait ailleurs et d'en faire la promotion pour vous montrer que c'est possible.

Ce que Barack Obama peut apprendre aux politiciens québécois

À l'automne 2008, nous avons vécu un moment historique : l'élection de Barack Obama. Cette victoire a, entre autres, été remportée par la longue et efficace stratégie de marketing politique en ligne du nouveau président. Il a profité de l'innovation de son prédécesseur Howard Dean et a poussé le concept de marketing politique en ligne à son paroxysme. En comparaison, ici, lors de la dernière élection fédérale et de l'élection provinciale de 2009, tout n'était qu'improvisation. À preuve, le Parti québécois avait un twittereur « fantôme », dont le nom d'usager était Québec Gagnant ; contrairement à ce qu'on recommande, ce compte ne révélait pas qui twittait au nom du parti. Cela dit, c'est déjà une avancée que le parti y soit et que son twittereur générique ait répondu à mes commentaires. J'ai donc amorcé une conversation avec @QuebecGagnant : « @QuebecGagnant, c'est un de vos problèmes, dans les partis du Québec. Réagir au lieu d'agir. Vous menez une communication sporadique au lieu de continue. » Et Québec Gagnant de me répondre : « @MichelleBlanc : nous défions qui que ce soit de mettre en branle une campagne en aussi peu de temps sans improviser quelque part. »

C'est bien là le problème. On communique avec le citoyen, la plupart du temps, de manière unidirectionnelle et lorsqu'on juge qu'il faut « lui dire les vraies affaires » ou l'influencer, ça se fait uniquement en période électorale. Au moment de cette conversation avec Québec Gagnant, le Parti libéral était minoritaire et cela faisait plus de deux semaines que nous attendions que les élections soient bel et bien déclenchées. Malgré tous ces faits, ce n'est que durant la nuit du début de la campagne électorale que les valeureux stratèges politiques se sont dit qu'ils devraient être en ligne.

On peut donc se demander si, au lendemain des élections, leurs sites respectifs tomberont dans l'oubli pour les quatre années suivantes. La question est pertinente, puisqu'il en a été ainsi à chaque élection précédente. Quel sens de la continuité! Quelle compréhension de ce que la communication web peut apporter à un parti!

Pour ceux qui l'ignorent, ainsi que pour nos stratèges politiques québécois, sachez que la première version du site de Barack Obama a été mise en ligne le 15 avril 2004 et qu'il n'a cessé d'être alimenté depuis. Lors de la campagne de 2008, le site portait le titre : Obama for America, et il est devenu interactif, en incluant des blogues et des commentaires, et en proposant une pluralité d'opinions. Lorsque Barack Obama est entré à la Maison Blanche, il n'a pas abandonné sa plateforme personnelle ; il l'a cependant transformée en un outil de suivi auprès des citoyens (toujours à l'adresse : my.barackobama.com), et elle s'appelle maintenant Organizing for America. On y retrouve un blogue animé par Erica Sagrans, une stratège démocrate, des commentaires des citoyens, des incitatifs et des guides pour mobiliser ses concitoyens. Sur le site de la Maison Blanche, on trouve également des billets écrits principalement par les conseillers principaux du président, dont David Axelrod. Le militantisme et le travail politique ont donc chacun un espace permettant aux citoyens de suivre les dossiers, de s'engager et de commenter. Le site web d'Obama devient ainsi un outil évolutif qui suit les différentes phases du processus électoral, cela en opposition avec les sites qui ne sont qu'un dépliant à lire au moment crucial et qu'on jette sitôt la campagne terminée.

Il faut donc se demander à quel moment les politiciens et les stratèges des partis québécois comprendront enfin qu'amorcer une communication à la hâte le jour du déclenchement des élections, pour « tirer la plogue » à la fin, n'est pas une façon de faire. Pourtant, les exemples sont là, il suffit de prendre des notes et d'adapter le tout à notre cycle politique.

Sarkozy : une belle lancée...

En réfléchissant à ce sujet, je me suis rappelée un billet publié sur le blogue d'Ogilvy Public Relations Worldwide qui démontrait bien à quel point le site électoral de Nicolas Sarkozy avait été innovateur et efficace quant à sa façon d'encourager la participation des électeurs aux débats politiques. Comme le disait d'ailleurs John Stauffer[76] (ses propos sont traduits de l'anglais) au sujet du site de M. Sarkozy : « La vidéo "Questions et réponses" a été l'élément le plus remarquable pour ce qui est de rejoindre le thème de la participation du jour OneWebDay[77]. » Sarkozy expliquait à Stauffer qu'Internet n'est pas seulement une technologie, mais une nouvelle façon d'envisager la société. Il parlait aussi de la possibilité de rejoindre les électeurs un par un, ce qui en faisait un formidable instrument démocratique.

De même, lors des élections françaises de 2007, la présence sur Second Life[78] des différents aspirants au poste de président avait fait jaser les blogueurs. Sarkozy avait d'abord refusé d'être sur le site, une décision que mon copain Loïc Le Meur[79] appuyait, puis le vent a tourné et Loïc lui a fait une place sur son île. La participation massive des Français à ces transpositions des enjeux électoraux dans Second Life a même été commentée par plusieurs médias internationaux, dont le *Washington*

---

76   John Stauffer sur le blogue d'Ogilvy : http://bit.ly/johnstauffer
77   « *The video Q&A seems to be one of the most notable features that really touches on OneWebDay's 'participation' theme.* »
78   Voir, dans le lexique, « Second Life ».
79   Le billet complet sur le blogue de Loïc Le Meur : http://bit.ly/lemeur

Post[80], qui expliquait l'impact réel de cette avancée. En effet, bien qu'ils n'aient pas été si nombreux, les quelques dizaines de milliers d'internautes qui suivaient les activités virtuelles des partis français avaient prouvé un élément d'importance : si vous ouvrez un bureau politique virtuel, de vrais militants s'y présenteront. Mais au-delà de cette participation des Français dans SL, cette campagne aura surtout marqué un tournant dans la brève histoire de l'utilisation du Web à des fins de marketing politique, en raison de ses retombées médiatiques.

Tout allait si bien du côté de la France. Malheureusement, plutôt que de modifier la vocation du site de la campagne, comme l'a fait Obama, Sarkozy l'a fait carrément retirer : son adresse vous mène à la page Facebook du président... Il nous reste encore les comptes rendus auxquels je me suis référée pour tirer quelques bonnes leçons de cette expérience web.

Le modèle Obama

Daniel Nations, journaliste à About.com, dans la section « *Web Trends* » (« Tendances du Web »), a écrit un article, « *How Barack Obama Is Using Web 2.0 to Run for President*[81] », dans lequel il présente des observations d'intérêt général sur la stratégie des médias sociaux d'Obama. On y apprend que le futur président avait tout un as dans sa manche : Chris Hughes, un des fondateurs de Facebook. Au moment du déploiement de la campagne, cette information n'a pas été mise de l'avant, mais nous pouvons présumer que c'est un des facteurs du succès d'Obama.

---

80 Molly Moore, « *French Politics in 3-D on Fantasy Web Site* », *Washington Post*, 30 mars 2007 : http://bit.ly/mollymoore

81 L'article de Daniel Nations sur About.com : http://bit.ly/danielnations

Nations explique d'ailleurs qu'Obama n'était pas le premier à tenter une campagne assistée par les médias sociaux; en 2004, son prédécesseur, Howard Dean, avait utilisé Meetup afin de se positionner comme candidat d'avant-plan lors des nominations au sein du parti. Cela dit, l'équipe du président a certainement perfectionné le concept. Le principe de base pour toute campagne utilisant des médias sociaux est d'avoir un impact puissant, tout en demeurant extrêmement conviviale. Et Nations conclut que c'est très exactement ce que my.barackobama.com a offert.

Le site est devenu, en temps de campagne, un réseau social à lui seul, proposant aux usagers de créer leurs profils, leurs listes d'amis, voire leurs blogues. Les usagers pouvaient aussi se joindre à des groupes, participer à des campagnes de financement et organiser des événements en lien avec Facebook ou MySpace.

Le moins qu'on puisse dire, c'est qu'Obama avait compris l'intérêt d'être le centre de l'univers web pour toute l'activité touchant à sa campagne.

L'impact sur les jeunes

Les jeunes suivaient d'abord la campagne électorale américaine sur Internet, puis, dans une moindre mesure, dans les journaux papier. Les 18-29 ans tiraient leur information de la télé à 61 %, du Web à 49 % et des journaux papier à 17 %. Pour les 30-49 ans, la télé était aussi bonne première avec 70 %, l'Internet arrivait en deuxième position à 37 % et les journaux se contentaient d'un maigre 23 %. Pour les personnes de plus de cinquante ans, la popularité d'Internet allait en décroissant, ce qui ne vous surprendra probablement pas. J'ai pris connaissance de ces chiffres dans un rapport du Pew Research Center for the People & the Press, adapté dans le tableau ci-dessous. Comme pour appuyer mes dires, ce rapport m'a été suggéré par le blogueur et journaliste Damien Van Achter par le biais de son compte Twitter. Damien tirait cette information du réseau de veille et de réflexion journalistique Mediachroniques, fondé par le blogueur et consultant en médias écrits Jeff Mignon. Les journalistes ne sont donc pas tous si réfractaires au Web, à ses intervenants et aux changements qu'ils apportent.

Tableau 2 Source des informations sur la campagne électorale américaine de 2008[82]

Première ou deuxième mention	Moyenne %	Groupe d'âges			
		18-29	30-49	50-64	65+
Télévision	72	61	70	78	82
Internet	33	49	37	29	12
Journaux	29	17	23	34	45
Radio	21	15	27	18	16
Magazines	3	5	2	2	3
Autres sources	2	3	1	1	2
Je ne sais pas	1	2	1	1	1

Obama, un exemple d'innovation à suivre pour toutes les entreprises du XXIe siècle

Obama a su être à l'écoute de ce qui se faisait pour rejoindre les gens là où ils s'informaient. Cela dépasse la simple présence web pour devenir un modèle d'innovation en communication, en affaires et sur Internet. Pour appuyer ces propos, je me réfère à un texte fort intéressant, « *Obama's Seven Lessons for Radical Innovators*[83] » (en français : « Sept

---

82 « *Internet Now Major Source of Campaign News* », Pew Research Center Publications, 31 octobre 2008 : http://bit.ly/pewresearchcenter

83 Billet sur le blogue Harvard Business Review : http://bit.ly/harvardblogue

leçons d'Obama pour les innovateurs radicaux »), diffusé par Harvard Business Review, et dont j'ai pris connaissance dans un tweet de Philippe Martin[84]. Quand on sait que l'adversaire d'Obama, John McCain, avait marqué la campagne de son aversion pour la technologie – l'anecdote du télégramme qu'il envoie à Obama pour le féliciter de son élection[85] en demeure la preuve –, on constate le fossé énorme qui existe entre les deux approches. Dans cet article aux observations limpides et inspirantes, Umair Haque affirme que Barack Obama est un des gestionnaires du changement les plus innovateurs du monde contemporain. Selon lui, l'équipe d'Obama aurait développé une nouvelle façon d'envisager le monde, de faire de l'organisation politique au XXIe siècle. Cette organisation politique diffère autant de celle du siècle dernier que Google et Threadless diffèrent des modèles d'affaires antérieurs, et elle tend à proliférer. Quelles sont donc les leçons à tirer pour orienter la communication, atteindre ses cibles et aspirer à faire partie de ces organisations gagnantes ?

1. Créer soi-même son modèle d'organisation : en copiant les modèles qui sont déjà là et la typologie du XXe siècle, on risque de perdre de vue les enjeux actuels.
2. Garder son élasticité grâce à sa résilience : par exemple, lorsque McCain a attaqué Obama, ce dernier, plutôt que de répliquer en contre-attaquant comme auparavant, a répondu par une campagne de financement réussie.
3. Minimiser la stratégie : plutôt que de faire des stratégies complexes et élaborées, souvent en réaction à ce que l'adversaire semblait avoir établi lui-même,

---

84   Philippe Martin tient le blogue N'ayez pas peur : www.nayezpaspeur.ca/blog/
85   La dépêche sur Gizmodo : http://bit.ly/gizmodomccain

Obama a gardé en tête son but pour préserver le sens de ses actions.
4. Maximiser la cible : la campagne *Yes we can!* ne visait pas le simple but de gagner une élection, non, elle ne visait rien de moins que de changer le monde !
5. Élargir la notion de communauté : Obama n'a pas voulu suggérer que le pays était un territoire politique segmenté en États « rouges ou bleus », sa force a été d'affirmer « nous sommes tous les États-Unis ».
6. Donner une densité au pouvoir : jusqu'ici, le pouvoir était celui d'instiller la peur et de stimuler l'appétit pour les gains financiers. Obama a plutôt misé sur le pouvoir d'aspirer à plus grand et d'inspirer la réussite.
7. N'oubliez pas qu'il n'y a pas de communication plus asymétrique que celle d'un idéal : Obama a conclu son dernier discours avant l'élection par « Allons changer le monde ! » Le monde a besoin de changements, cela est incontestable et nous ne pouvons que le reconnaître.

Umair Haque conclut en expliquant que ces sept principes marquent la fin de l'ère industrielle triomphante et que les échecs récents du monde de Wall Street montrent bien que, sans idéal, on ne peut plus fonctionner. Il conseille donc à toutes les nouvelles entreprises, qu'elles soient politiques, sociales ou technologiques, de mettre en application ces principes. Malheureusement, ces pratiques exemplaires ne seront utilisées par nos partis locaux que dans cinq ans. Mais vous me connaissez, je suis généreuse, nous dirons donc plutôt dix ans...

Être sur le Web, et pas juste durant la campagne électorale...

Sur le blogue politique Techpresident.com, on pouvait lire après les élections un billet intitulé « *What Happens to the Obama Network After the Election*[86]*?* ». Propagé par plusieurs sources, ce texte faisait quelques constats intéressants. Après coup, l'auteur, Micah L. Sifry, remarquait que, en termes de stratégie, le dispositif web avait évolué pour laisser place à l'engagement militant et l'information avait circulé non seulement de haut en bas mais aussi de bas en haut. Parce qu'à long terme les militants restent mobilisés seulement si l'action locale et le réseautage à plus petite échelle valorisent leurs points de vue.

Cette élection, continue Sifry, a été gagnée par une parfaite fusion entre l'homme, le message, le médium et le *momentum*. Donc, si cette campagne passe à l'histoire, ses suites seront encore plus intéressantes, car elles redéfiniront la politique du XXIe siècle.

Vous remarquerez que c'est ce que je m'efforce d'expliquer dans ce livre : si l'on veut bénéficier des avantages d'un réseau, il faut le construire et l'entretenir à long terme, de la même façon que la mobilisation politique en ligne ne peut être efficace si on ne la pratique qu'un mois tous les quatre ans.

J'ai moi aussi un rêve : que nos partis comprennent enfin que les citoyens ne sont pas de pauvres moutons seulement nécessaires à faire un x sur un bulletin de vote. Ils peuvent s'intéresser aux enjeux politiques et les faire évoluer par leur réflexion. Les citoyens peuvent certainement générer du fric avant, pendant et après la période électorale, mais surtout, ils peuvent participer à l'éclosion du concept de démocratie numérique et contribuer à développer une discussion politique multidirectionnelle qui permettra de trouver plus de solutions à plus de problèmes et de harnacher la puissance de l'intelligence

---

86 Partie 1 : http://bit.ly/techpresident1, partie 2 : http://bit.ly/techpresident2

collective pour le bien de la société en général. Je n'invente pas cela, c'est admirablement démontré, notamment, dans le livre de Dan Tapscott[87], *Wikinomics: How Mass Collaboration Changes Everything*[88]. J'ai bien le droit de rêver...

---

87 Le blogue Wikinomics : www.wikinomics.com/blog/
88 Dan Tapscott et Anthony D. Williams, *Wikinomics: How Mass Collaboration Changes Everything*, Portfolio Hardcover, 2006.

Chapitre 4

LES RAPPORTS INTERPERSONNELS

Les médias sociaux et la transparence : si ma mère me voyait...

Il n'est pas facile de savoir comment doser sa présence dans les médias sociaux, ni comment réagir à ce nouveau mode de communication du « tout, tout exposé ». Vous le savez, je prône la transparence – en fait, une certaine transparence. Parce que j'ai vécu ouvertement beaucoup de choses sur le Web, on me dit souvent que je suis très transparente. C'est vrai, du moins en partie. J'ai d'ailleurs déjà parlé de l'importance de l'authenticité, de la perte de contrôle salutaire (quant aux contenus web), du « savoir-déconner » et des différents types de transparence. Cependant, depuis un certain temps, je réalise que même la transparence radicale, comme celle que je pratique parfois en ouvrant les portes de ma vie intime, est toujours une mise en scène que je contrôle. Personne ne vient me photographier à mon insu, personne ne fait de déclaration à ma place, je décide de ce que je partage, de la manière dont je le partage, du moment où je le fais, et j'ai souvent un objectif sous-tendant cette communication.

Et c'est un fait important. Nous pouvons choisir d'être médiatisés et de nous mettre en vedette, mais il ne faut pas perdre de vue que nos proches ne partagent pas nécessairement cette envie. Donc, quand on accepte d'être dans les médias sociaux, il n'est pas mauvais de faire une veille de son nom, de voir ce qui se dit et comment peut être perçu cet ensemble de renseignements...

La vie privée et les médias sociaux : mettre des frontières ou des balises ?

Il n'est pas étonnant que le fait de communiquer par écrit avec une communauté en ligne comme sur Facebook, ou de façon publique comme sur Twitter, a fait ressurgir les questions de vie privée et en a rattaché tous les pans uniquement aux médias sociaux. Il est évident que le Web a changé notre façon d'envisager beaucoup de choses, dont la vie privée.

Les vieilles et les vieux comme moi ne comprennent souvent pas pourquoi les jeunes exposent leur vie privée sur le Web. Les vieux « capotent » littéralement dès qu'une photo d'eux apparaît en ligne. Pourtant, les jeunes savent maintenant d'instinct que, lors d'un party, les copains qui prennent un cliché vont le mettre en ligne dès qu'ils le pourront. Alors ils posent naturellement afin que ces clichés les montrent sous leur meilleur jour. J'ai même écrit un billet intitulé « Pourquoi accepter des gens qu'on ne connaît pas sur Facebook ? Prise 2[89] », en réponse à un lecteur qui comprenait difficilement comment quelqu'un pouvait collectionner les amis Facebook. Je lui ai expliqué que Facebook est comme un carnet de contacts et que ce carnet permet

---

89   Le billet sur mon blogue : http://bit.ly/facebookmb

d'être invité à des événements, d'être informé de ce qui se passe dans d'autres groupes. Pouvez-vous imaginer que votre Rolodex ne contienne que douze cartes d'affaires ? Non, car vous seriez bien mal pris lorsque vous chercheriez à rejoindre un spécialiste ou seulement à obtenir une opinion professionnelle.

La question de cet internaute était typique des générations plus proches de la mienne (je suis de la génération X) et à l'opposé de ce que met en pratique la génération des natifs numériques. Les « vieux » mettent une cloison très étanche entre leur vie privée et leur vie publique et ont de la difficulté à franchir cette zone de confort. Il est normal d'avoir ces réactions et certainement difficile de comprendre les jeunes dont la vie, sur le Web, est un livre ouvert.

Vous savez évidemment que je suis ouverte sur le Web. J'ai fait le pari de l'ouverture au moment de ma transition et, même si c'était un événement très personnel, je ne pouvais le nier, car un pareil changement ne passe pas inaperçu dans le monde réel. Il ne me servait à rien de faire l'autruche et d'espérer que personne ne le remarquerait. De façon inévitable, à chaque rencontre, les gens auraient été surpris et cela aurait pu me mettre dans une position de vulnérabilité. J'en ai donc abondamment parlé, plus ou moins en profondeur, choisissant mes interventions selon les types de réseaux sociaux. J'ai créé un blogue, Femme 2.0, pour exposer les détails de ce que je vivais et ainsi offrir un espace de discussion aux lecteurs qui souhaitaient intervenir. J'en ai aussi parlé sur Facebook et Twitter, mais que très peu sur mon blogue personnel, MichelleBlanc.com, qui a gardé sa mission d'affaires. Mais, même avant cette transformation, j'étais déjà une personne ouverte sur le Web et je traitais souvent de situations personnelles. En ce sens, je faisais un peu comme les jeunes qui ont compris l'inévitabilité de se retrouver en ligne : je préférais agir de mon plein gré, afin de pouvoir mettre en scène une image qui correspond le plus possible à ce que je souhaitais montrer.

Jason Tanz, dans un article de *Wired* intitulé « *Internet Famous: Julia Allison and the Secrets of Self-Promotion*[90] », discutait du phénomène de la présence en ligne. Dans cet article, David Karp, le créateur de Tumblr (une plateforme blogue), expliquait que beaucoup de gens ont commencé par éprouver de la paranoïa en rapport avec toute représentation en ligne, mais qu'ensuite ils ont compris qu'ils étaient déjà sur des photos publiées sur Flickr ou qu'on pouvait savoir qui ils étaient seulement en utilisant Google. La question n'était donc plus d'empêcher de diffuser de l'information sur soi, mais plutôt de contrôler la qualité de cette information.

Comme je vous l'ai dit souvent dans ce livre, pour peu que vous ayez une vie active, un emploi, des amis, des collègues, vous trouverez des mentions de cette activité sur le Web et dans les médias sociaux. Aussi bien en être conscient et s'assurer que ce qui se dit à votre sujet est à votre convenance...

Les nouvelles dites « privées » diffusées sur les médias sociaux

Voilà que M. et Mme Tout-le-monde peuvent obtenir une nouvelle avant les médias traditionnels et parfois même, sans le savoir, la diffuser en la communiquant tout simplement à leurs amis. Un exemple qui a fait beaucoup de bruit ici est très certainement le décès de la chanteuse Lhasa de Sela, qui a d'abord été annoncé sur Facebook, puis sur Twitter. L'historique de l'événement est bien documenté sur

---

90 *Wired*, juillet 2008 : http://bit.ly/jasontanz

les blogues de mes copains Nadia Seraiocco[91] et Geoffroi Garon[92].

Lors de cette histoire, survenue tout juste après le jour de l'An 2010, j'étais en vacances. Une fois tous les deux ans, ça me fait du bien de décrocher de ces petites guéguerres que se livrent les pseudo-puristes des médias traditionnels et certains adeptes des médias sociaux. Dans les jours qui ont suivi ce décès, c'est l'angle qui était abordé.

Après coup, j'ai réagi à cette histoire, qui me rappelait péniblement celle de la mort de ma copine Renée Wathelet, survenue en septembre 2009, et qui a aussi été très médiatisée, notamment dans les médias sociaux. Renée n'était pas une vedette (elle l'était dans le cœur de ses amis) mais parce qu'elle avait été assassinée, les médias considéraient que la nouvelle de sa mort était d'intérêt public. Le cercle de ses amis proches a appris le décès de Renée le jour de sa mort, et cette nouvelle a été communiquée aux médias instantanément. Étant donné les circonstances pénibles de sa mort, nous avons aussi décidé d'un commun accord, et par respect pour sa famille, de ne pas discourir indûment sur les causes de son décès et de laisser les médias et les policiers faire leur travail de fouille-merde.

J'y vois une certaine similitude avec le cas Lhasa de Sela. Il me semble normal d'annoncer au public la mort d'une artiste de son envergure. Il s'agit, en soi, d'une information journalistique pertinente. Les circonstances du décès peuvent être retenues un certain temps, afin de ménager les membres de la famille et de leur permettre de faire leur deuil. Mais j'ai bien du mal à comprendre que l'on fasse un procès d'intention ou qu'on accuse de manque d'éthique ceux qui

---

91 « Silence de mort », du blogue de Nadia Seraiocco : http://bit.ly/nadiaseraiocco

92 « Les médias sociaux et le décès de Lhasa de Sela », du blogue de Geoffroi Garon : http://bit.ly/geoffroigaron

en ont parlé sur Twitter ou sur Facebook, dans la mesure où aucune spéculation sur les circonstances du décès n'avait été faite. D'autant plus qu'il semble que des membres de la famille de Mme de Sela avaient eux-mêmes partagé ces informations sur leur mur Facebook. J'y vois davantage un exemple de « deux poids, deux mesures » inquiétant.

Dans le cas de Renée Wathelet, certains journalistes sans vergogne trouvaient normal d'insinuer dès le lendemain de sa mort que la victime connaissait son assassin, un jeune homme. Ce qui pouvait laisser présumer bien des choses sans fondement. Puis, on s'indigne que l'annonce de la mort de Lhasa de Sela ait été coulée sur Twitter, sans respect pour le deuil de ses proches ? Une vedette aurait-elle donc un droit à la vie privée plus grand qu'une personne qui n'est pas proche des cercles journalistiques ? La mort d'une personnalité est-elle du domaine privé ? Combien de jours cette nouvelle doit-elle rester secrète afin de satisfaire le chagrin d'une famille endeuillée ? Voilà des questions auxquelles je n'ai pas de réponses. Je sais cependant que la frontière entre la vie privée et la vie publique devient de plus en plus ténue. Je sais aussi qu'un fait, aussi douloureux soit-il, demeure un fait. Et que les journalistes qui critiquaient eux-mêmes la diffusion hâtive de cette nouvelle n'auraient pas hésité une seconde à publier un scoop de cette nature pour faire la une de leurs journaux. Il y a donc matière à questionnement.

J'observe aussi qu'avec la célébrité vient un poids qui pèse sur la vie privée et qu'il est légitime pour une vedette de protéger son intimité. Cependant, Twitter et Facebook ne sont que des moyens, des outils. Leur faire un procès à eux seuls est démagogique. Faire le procès de leur utilisation est déjà plus éclairé ; les motivations d'une chasse aux sorcières des médias sociaux devraient être analysées pour qu'on arrive enfin à comprendre qu'il s'agit d'une tempête dans un verre d'eau.

Les médias sociaux ont le dos large…

Oh oui, comme devant toute nouvelle technologie qui arrive dans notre vie, notre première réaction est souvent la crainte. À ce sujet, dans une chronique *Le Lab* présentée à Canal Vox, je commentais toutes les inepties que l'on dit à propos des médias sociaux[93]. Je citais, pour en discuter, un article récent du *San Francisco Chronicle*[94] où l'on répertoriait tous les prétendus méfaits de Facebook : il causerait le cancer, ferait perdre du temps, provoquerait l'infidélité et les ruptures amoureuses et occasionnerait des risques pour la carrière ! Bon, j'en rajoute, mais j'exagère à peine, car une fois qu'on a commencé à se faire peur ça ne s'arrête plus. Cela dit, vous êtes conscients que l'infidélité dans les couples, le temps perdu à des choses peu productives et la maladie existaient bien avant le Web et les médias sociaux… Mais peut-être que certains épouvantails vous ont réellement effrayé ou ont modifié votre perception de ces nouveaux réseaux. Quand un média comme Facebook ou Twitter devient très populaire, il n'est pas long qu'un chercheur décide d'inclure dans son travail un volet sur ses dangers. Ainsi, en élargissant ses recherches ou en extrapolant un peu pour inclure le mot « Facebook » dans ses mots clés, il fait en sorte que son travail sera dans l'air du temps et deviendra populaire auprès des médias. On entend alors des raccourcis ridicules comme « Facebook peut donner le cancer ». Cela n'a aucun sens, vous le savez bien. Toutefois,

---

[93] Sur mon blogue, « Le *bashing* des médias sociaux » : http://bit.ly/labbashing

[94] Ce quotidien publie fréquemment des articles sur les médias sociaux, dont un le 7 avril 2010 où on nous mettait en garde contre un site relié à Facebook qui pouvait ruiner notre réputation professionnelle, mais l'article n'est plus disponible sur le Web.

en y regardant de plus près, on apprendra qu'une des causes de certains cancers est le manque d'activité physique. Facebook et tous les autres médias sociaux étant responsables de l'inactivité physique de plusieurs, on peut dire que les médias sociaux comptent parmi les facteurs qui nuisent à la santé. Ouf! Vous voyez comment on peut formuler ce constat plutôt tiré par les cheveux.

Devant l'intérêt des médias traditionnels pour les réseaux sociaux, plusieurs chercheurs qui étudiaient de façon large le Web ou l'interaction sociale ont inclus dans leurs corpus récents les médias sociaux. C'est dans l'air du temps, dirait-on. Je me demande toutefois si nous avons le recul nécessaire pour nous lancer dans des théories sur les changements de comportements qu'entraînent les médias sociaux... Cela dit, loin de moi l'idée d'empêcher les gens d'aborder les médias sociaux comme ils le souhaitent. Prenons, pour illustrer cette tendance, les propos qu'un sociologue québécois tenait récemment sur les ondes de Télé-Québec[95]. Le point de vue qu'il prend pour aborder les réseaux sociaux est celui de l'hyperindividualisme des usagers de ces réseaux. On l'invite donc pour qu'il explique en quoi les médias sociaux sont un haut lieu du « je-me-moi » et comment les valeurs communautaires, qu'on prétend y véhiculer, dissimulent en fait un individualisme exacerbé. Que doit-on en penser ? Il est possible que plusieurs usagers soient individualistes et communiquent de façon unidirectionnelle, comme dans toutes les communautés virtuelles ou réelles, mais est-ce possible de bâtir un réseau ainsi ? Pour y réfléchir, prenons comme exemple le téléphone : imaginez que vous appeliez les gens pour ne parler que de vous et que vous ne leur

---

95 Dans ma chronique *Le Lab*, je parlais d'André Mondoux de l'UQAM, à *Il va y avoir du sport*, le 4 février 2010, dans le segment « Un ami, c'est bien, mille amis, c'est mieux », sur le concept d'amitié dans les médias sociaux.

laissiez jamais la parole. Qu'est-ce ce qui arriverait ? Ils se débrancheraient vite et ne prendraient plus vos appels... La même chose peut être constatée sur les médias sociaux. Si vous ne parlez que de vous et que vous vous cantonnez à un discours unidirectionnel, on ne vous écoutera plus.

Si nous voulions nous lancer dans des considérations philosophiques, nous pourrions d'abord dire que la tendance de la société à l'individualisme a déjà été étudiée au XXe siècle[96]. Donc, même si elle est bien illustrée par l'usage que nous faisons parfois des outils sociaux, cette tendance n'a pas été créée par eux... Vous comprenez où je veux en venir ; à vous donc d'utiliser et d'orienter votre communication sur ces réseaux.

Une charge personnelle contre l'autopromotion dans les médias sociaux

En avril 2010, lors d'une conférence peu médiatisée sur le livre politique et le journalisme lié à ce secteur, Lise Bissonnette, directrice de la Grande Bibliothèque du Québec et ex-éditrice du *Devoir*, soulevait une controverse sur les utilisateurs des médias sociaux. Antoine Robitaille, journaliste du *Devoir*, rapportait quelques mots de Mme Bissonnette qui, tout en se questionnant sur la nécessité pour les journalistes d'être partout, avait lancé quelques termes choquants : « public gazouillant », « communauté de placoteux ». « C'est une réelle charge contre l'effet blogue, Facebook et Twitter que Lise Bissonnette a menée hier, lors d'une conférence à

---

96   L'individualisme est une des caractéristiques de ce que les historiens appellent la postmodernité et qui, en théorie, fait suite à la modernité au XXe siècle : http://bit.ly/senspublic

la bibliothèque de l'Assemblée nationale[97]. » Le reste de son propos s'est perdu derrière ces qualificatifs peu flatteurs et réducteurs des utilisateurs des médias sociaux. Comme d'habitude, il fallait un média traditionnel pour publier ces paroles et une vedette pour les propulser. La vedette a été Nathalie Petrowski, qui a feint de s'étonner que ladite communauté de « placoteux » n'ait pas réagi. Pour personnaliser les « placoteux » et frapper plus fort, elle m'a citée en exemple, me nommant « papesse du Web ». Être mentionnée dans un article de Mme Petrowski est peut-être un honneur pour certains, mais pour ma part, quand j'ai lu comment elle décrivait mon travail, mon sang n'a fait qu'un tour :

> Pour s'en convaincre, il suffit d'aller sur le site de Michelle Blanc, la papesse de la communauté web au Québec. Jeudi, le premier élément sur son site était une invitation à aller la voir livrer sa 22e chronique à l'émission de télé *Le Lab*, suivie d'une invitation à relire et à revoir ses sept derniers billets [...] l'autoplogue compulsive est la norme parmi les placoteux. Lisez-moi, regardez-moi, écoutez-moi. Moi, moi, moi[98]...

Bon, ça y est, on nous ressortait la théorie de l'individualisme sur les médias sociaux et ce culte du « moi » ! Eh oui, si les médias sociaux permettent de tisser des amitiés et des relations, ils sont aussi souvent utilisés pour faire de la promotion. Le blogue personnel ou professionnel est rarement soutenu par une grosse machine publicitaire, donc les utilisateurs des médias sociaux suivent souvent les conseils que je donne aux entreprises et publient ici et là un lien vers leurs billets qu'ils espèrent voir rediffuser au sein de leurs réseaux. Il s'ensuit alors des échanges et des conversations. Les gens se lisent, se ploguent et ploguent ceux

---

97 Antoine Robitaille, *Le Devoir*, 7 avril 2010 : http://bit.ly/antoinerobitaille

98 Nathalie Petrowski, *La Presse*, 10 avril 2010 : http://bit.ly/nathaliepetrowski

qu'ils trouvent intéressants, et ainsi ressortent des affinités. J'ai donc trouvé pertinent de rappeler à Nathalie Petrowski qu'au beau milieu de cette soupe autopromotionnelle, le blogue qu'elle lisait présentement s'appelle Michelle Blanc. « Il me semble que c'est un indice clair du fait que vous entrez dans l'antre de l'autopromo... » De même, la promotion par le Web et les médias sociaux, c'est mon gagne-pain, il est donc normal que je montre l'exemple en faisant la promotion de mes collaborations. J'ai signé le chapitre « Bloguer pour vendre » dans le livre *Pourquoi bloguer dans un contexte d'affaires*. Alors, s'il faut encore le dire pour ceux qui croyaient que mon blogue était un outil littéraire, journalistique ou autre, je le répète, j'en ai fait ouvertement un organe d'autopromotion, dont la mission est de vendre Michelle Blanc. Je n'ai pu résister à l'envie de lui faire une petite leçon de référencement en intitulant mon billet « Nathalie Petrowski, Nathalie Petrowski, Nathalie Petrowski » et en marquant bien qu'ainsi mon point de vue serait bon premier dans les résultats de recherche. Mme Petrowski ayant un très fort lectorat, cela me semblait équitable. D'autres journalistes et blogueurs s'en sont mêlés pour critiquer ma façon de répondre et le tout s'est terminé dans une bagarre de commentaires sur le blogue d'un média web sous la coupe du journal *Voir*. Ce qui est décevant dans ce genre de controverse, c'est que la dispute s'est terminée comme elle avait commencé, c'est-à-dire par des attaques personnelles plutôt que par le débat de questions constructives...

Je défends mon blogue et son caractère promotionnel. Cela dit, j'ose humblement croire que, dans les quelque 2 000 billets publiés, j'ai souvent discuté d'autre chose que de ma petite personne, et que mes nombreux lecteurs ont collaboré généreusement à des réflexions sur le commerce en ligne, le Web et les médias sociaux dans une variété de contextes, comme ce livre en témoigne d'ailleurs. Alors, si vous avez peur que les médias sociaux ne vous fassent sombrer dans le nombrilisme et l'autopromotion, n'ayez crainte, vos contacts et amis ne manqueront pas de vous rappeler à l'ordre !

La grande peur : se faire voler des renseignements sur les médias sociaux

La popularité grandissante des réseaux sociaux donne lieu à plusieurs débordements et récits destinés à effrayer les usagers. Il y a eu en novembre 2009 cette histoire dans les médias[99] : une jeune femme en congé de maladie pour une dépression perd ses primes d'assurance parce que des photos d'elle en train de s'amuser ont été publiées sur Facebook et qu'elles ont été portées à l'attention de l'assureur payant ses primes. Au même moment, Mme Janine Krieber (l'épouse de l'ancien chef du Parti libéral du Canada Stéphane Dion), sur son mur Facebook, parlait négativement du chef actuel, Michael Ignatieff[100]. Ont suivi des articles visant à mettre en garde la population contre Facebook. Des journalistes m'ont contactée, j'étais disposée à donner mon avis sur ce sujet, mais il n'a pas été retenu car, plutôt que d'alarmer la population, je faisais le contrepoids et donnais des conseils pour utiliser le populaire réseau de façon sécuritaire. Ces conseils étaient d'autant plus pertinents que les principales intéressées étaient elles-mêmes surprises, puisque leurs photos et profils étaient sécurisés.

Aux yeux des médias, c'était une grosse histoire. Pourtant, ai-je besoin de vous dire que la dénonciation et le commérage malveillant existaient bien avant l'arrivée des médias

---

99   La nouvelle sur le site de Radio-Canada : http://bit.ly/nathalieblanchard
100 « Les indiscrétions de Mme Dion », Cyberpresse, novembre 2009 : http://bit.ly/mmedion

sociaux ? À votre avis, si vous n'êtes pas ami avec votre patron ni avec votre compagnie d'assurances sur Facebook, comment peuvent-ils obtenir des photos compromettantes de vous ? Simplement par des contacts – notez que je ne dis pas « amis » – communs. Bref, par des mémères qui ont écorniflé sur votre profil et qui ont décidé de vous causer des problèmes. Avant, on prenait des photos et on les envoyait par la poste ; maintenant, on les cueille sur votre profil et on les diffuse... Il y avait aussi un monsieur qui s'appelait Jules César que ses « amis », à ce qu'on dit, ont poignardé. Facebook n'existait pas à cette époque. Peut-être devrions-nous nous inquiéter de l'utilisation sécuritaire des couteaux... Mais peut-être aussi que les médias devraient présenter une plus grande diversité de points de vue, pour s'assurer, quand ils donnent la parole à des experts, qu'ils n'abordent pas tous l'angle unique des « méfaits » des médias sociaux. Il y a de quoi réfléchir à ce qu'on laisse circuler sur nous... Je ne saurais vous inciter davantage à bien choisir ce que vous publiez sur les médias sociaux et, surtout, à vous assurer de le mettre en contexte vous-même. Car vous en êtes responsable.

Quant aux vols de renseignements personnels, comme je le dis souvent en entrevue et dans mes conférences, le plus grand risque de vol est votre bac à recyclage, bien à la vue sur votre balcon, ou encore votre boîte aux lettres, surtout si vous ne la fermez pas à clé[101]. Sans y penser, vous mettez peut-être au recyclage des documents contenant des renseignements personnels recherchés par les fraudeurs et, quant à votre boîte aux lettres, dois-je vous dire que tous vos renseignements personnels y sont souvent ? La solution que je vous conseille : achetez-vous une déchiqueteuse à documents.

---

101 Après la publication d'un rapport de la commissaire à la vie privée, j'avais donné une entrevue à ce sujet : http://bit.ly/vieprivee

Quelques exemples d'usurpation d'identité sur le Web et les médias sociaux

En mars 2010, l'animateur de *Tout le monde en parle*, Guy A. Lepage, a été victime d'usurpation d'identité sur le réseau Twitter. Quelqu'un avait créé un compte Twitter @Guy_A_Lepage et se faisait passer pour lui. Plutôt que de consacrer ses efforts à contrer l'usurpateur, M. Lepage a créé son propre compte Twitter @GuyALepage et, une fois la confusion initiale dissipée, le faux compte a disparu. Mais le problème reste entier. Il est très possible d'être victime d'usurpation d'identité sur les médias sociaux, lorsqu'on est une célébrité ou lorsqu'on administre la page d'une grande marque. Dans certains cas, au-delà de la plaisanterie, il y a des gains pour ces usurpateurs. Vous vous rappelez les grandes émotions vécues durant les Jeux olympiques de 2010, alors que notre Joannie Rochette perdait sa mère en pleine compétition? Croyez-le ou non, il existait une page d'admirateurs de Joannie Rochette sur Facebook, servant censément à la soutenir, mais cette page n'était pas approuvée par la patineuse et elle ne servait qu'à mousser d'autres pages sans rapport avec ses intérêts. La nature humaine étant ce qu'elle est, quelqu'un cherchait à profiter de cet événement malheureux. On peut, dans un pareil cas, se plaindre et demander à avoir un compte vérifié, comme sur Twitter[102]. Il ne faut cependant pas confondre page d'admirateurs, caricature ou parodie et usurpation d'identité. Par exemple, il existe un compte au nom de Clotaire Rapaille sur Twitter et sur Facebook, et c'est de toute évidence une parodie du célèbre personnage. Le « M. Rapaille » y débite des propos un peu prétentieux, qui font rire, mais qui ne tombent pas dans la vulgarité ni la diffamation. D'ailleurs, il est tout à fait légal sur Twitter de faire de la parodie. Twitter voit donc une

---

102 Pour avoir un compte « vérifié » : twitter.com/help/verified

différence entre l'usurpation[103] (*name squatting*) et la parodie[104]. Le site recommande dans ces cas de créer un nom de compte qui ne soit pas tout à fait le même que celui de la personnalité parodiée et d'indiquer dans les renseignements biographiques que ce compte est créé par un fan ou dans un but parodique. Il est même recommandé de préciser que le compte est un faux.

Selon cette politique, le cas spécifique de @Crapaille pourrait donc correspondre à ces lignes directrices car, de toute évidence, l'auteur du compte n'entretient pas d'illusions quant à l'aspect réaliste de son entreprise, tandis que la personne qui se faisait passer pour Guy A. Lepage interagissait en son nom, laissant croire qu'elle était l'animateur, ce qui est un comportement frauduleux. Ce comportement désigné comme *cybersquatting* consiste à utiliser la marque ou le nom d'autrui pour s'en faire une adresse internet ou un profil sur les médias sociaux.

Cela fait longtemps que le *cybersquatting* existe pour les célébrités et pour les grandes marques. Ne prenez donc pas de risques et sécurisez vos noms de marque sur tous les médias sociaux (même si vous ne vous servez pas de ces comptes pour l'instant). Commencez aussi à faire une veille efficace de vos marques et de votre nom, afin de vérifier ce qui se dit sur vous et de vous assurer qu'il n'y a pas de médisance à votre propos. Si vous laissez le champ libre, n'importe qui pourrait prendre votre place, et il y a de fortes chances que cela arrivera. Dites-vous qu'il est toujours plus facile d'agir que de réagir.

---

103 La politique de Twitter sur l'usurpation : http://bit.ly/twitterusurpation
104 La politique de Twitter sur les parodies et les comptes d'admirateurs : http://bit.ly/twitterparodies

La peur d'être insulté, diffamé ou attaqué en ligne

C'est une grande peur que celle de se voir ridiculisé ou diffamé sur les médias sociaux. Comme je l'écrivais plus haut, le fait de ne pas être présent sur ces réseaux n'empêchera pas que vous ou votre entreprise y soit nommé. Il est certain que de défendre le nom d'une entreprise est plus facile que de subir des attaques personnelles. Je suis une grande sensible, et ma façon de réagir dans les médias sociaux n'est certainement pas celle que je conseille à mes clients d'adopter ; c'est d'ailleurs une des difficultés de devenir soi-même un *brand*. L'émotivité pour une entreprise n'est pas la même que pour une personne que l'on s'amuse à « bitcher » gratuitement. Cela dit, je suis capable d'en prendre et de répondre au besoin. C'est dans ma nature d'être parfois un peu prompte sur la détente. Sur le Web, il se tisse des amitiés, des inimitiés et d'autres relations plus floues. Par exemple, mon maître en polémique, Embruns (domicilié à Embruns.net), a souvent été l'un de ceux qui me tarabustaient le plus. Il est cependant *gentleman* dans ses pointes et il a le courage de me critiquer ouvertement. Pour vous donner une idée de son ton, voici ce qu'il me lança sur Twitter après mon opération : « Enfin, je ne pourrai plus me faire enculer par @MichelleBlanc. » J'ai donc pu me faire plaisir et lui répondre : « @Embruns, mais voyons, je vais me trouver un godemiché et un fouet et même te laisser choisir la grosseur ;-) »

Notez ici que sur Twitter, si vous parlez de quelqu'un, la bienséance veut que vous mettiez le @ devant son indicatif pour que vos adeptes et la personne en question puissent suivre le fil des conversations et savoir de qui on parle. Par cette méthode, vous pouvez même écrire à un twittereur qui ne vous suit pas. S'il a un profil ouvert, il saura *de facto* que vous lui parlez. Vous pouvez aussi parler de quelqu'un sans mettre le @ devant son nom. Souvent, cela marque un manque de connaissance de l'outil Twitter. En certaines occasions, il s'agit simplement de petites moqueries sournoises. C'est humain de médire ou de se moquer des personnalités publiques, et j'en suis devenue une. Mais, faut-il le rappeler, mon franc-parler peut aussi être la source de controverses. Il est donc normal que je me fasse des ennemis. Il existe aussi dans les médias sociaux, comme dans les cours d'école, des clans, des cliques et des groupes. C'est d'ailleurs ce à quoi peut servir la fonctionnalité de listes sur Twitter. Cela officialise les relations, les affinités électives ou les préférences et les sous-groupes. Les journalistes qui twittent uniquement entre eux participent aussi à ce phénomène de classe ou de sous-classe. Disons que la consanguinité est forte dans ce secteur d'activité. La peur du changement et la « bitcherie » y sont également faciles.

Pour vous servir un exemple de dispute sur Twitter, que certains ont baptisé *twittfight*, voici une suite d'échanges où j'étais d'abord la cible de moqueries implicites avant de comprendre ce qui se tramait et de répliquer. Les pointes faites à mon endroit, mais à mon insu (donc sans le @), venaient du journaliste, auteur et blogueur Nicolas Langelier. Cet épisode de *twittertrash* ou de *twittfight* a pris source dans un article du *Devoir* intitulé « Ego inc.[105] », qui disait : « Mme Blanc, elle-même une "marque" réputée de son milieu spécialisé, confie avoir reçu en consultation "plusieurs journalistes québécois" intéressés par leur propre mise en marché. Des éditorialistes en particulier, parce qu'ils sont inquiets, dit la consultante en gardant les noms de ses célèbres clients pour elle. » Tout cela était vrai, mais je ne croyais pas que cette révélation serait source de moqueries.

---

105 Stéphane Baillargeon, *Le Devoir*, 27 octobre 2009 : http://bit.ly/egoinc

Le jour même, Nicolas Langelier faisait ce commentaire sur son compte Twitter, en mettant en lien l'article du *Devoir* : « Des journalistes qui en seraient rendus à consulter Michelle Blanc sur leur "mise en marché" ? Pauvres eux. http://bit.ly/3d1hwp ». Si je n'effectuais pas une veille de mon *brand*, ce commentaire aurait pu passer inaperçu. Quand j'en ai pris connaissance, je n'ai pu m'empêcher de répondre ainsi : « @nlangelier, tu aurais beaucoup à apprendre de moi. À commencer par la politesse de mettre un @ devant le nom de quelqu'un qu'on "bitche". » Et lui de répondre :

— @MichelleBlanc N'importe quoi, comme trop souvent.

— @nlangelier Question de point de vue. Je trouve que tu es aussi pas pire, dans le n'importe quoi. Je trouve même que ça définit ton *brand*...

Sans tarder, le journaliste de *La Presse* Hugo Dumas s'en est mêlé, déclarant ouverte la bataille et mettant lui aussi l'article en lien : « Tweetfight ! La guerre est pognée entre @MichelleBlanc et @nlangelier à propos du *branding* des journalistes. http://bit.ly/3d1hwp »... Cela a fait mouche et il s'est mis à fuser dans les fils de nos adeptes respectifs des messages, incitant les uns et les autres à suivre la confrontation. Nicolas Langelier a ainsi décrit l'attroupement virtuel : « Haha, c'est comme dans une cour d'école quand tout le monde s'approche pour voir la bataille :-) Ça finit là, en ce qui me concerne. » Mais les badauds n'en avaient pas assez, alors @Catheoret a relancé la chose : « @nlangelier, Ah, *come on, chicken* ! Pok pok pok ! ;o) » Puis @Reda_ : « @nlangelier, *too bad*, on aurait pu avoir une version web de la prise de tête entre Foglia et Bombardier :) »

Dans ce contexte, j'ai ajouté pour ceux qui suivaient la querelle : « Le *branding* des journalistes sera un sujet qui fera "tilter" les *wannabe*, les *hasbeen* et les puristes longtemps http://bit.ly/4aT5Q7 ». J'ai ensuite ajouté un mot personnalisé pour ceux qui s'amusaient de cette chicane et

Les rapports interpersonnels

j'en ai profité pour montrer à M. Langelier comment émettre ses opinions de façon ouverte : « @hugodumas, @poissant, @cathygo40, boff @nlangelier préfère "bitcher" dans le dos que de débattre, y en a comme ça. » Un peu plus tard, Nicolas Langelier répondait à ses contacts, qui se surprenaient qu'il ne défende pas son point de vue : « @mcbeaucage, @catheoret, la vie m'a appris à ne pas me battre avec le monde qui mord et tire les cheveux. » Disons que ce commentaire n'a pas plu aux dames, car il semblait vaguement sexiste et pouvait référer aux clichés au sujet des chicanes de filles.

Par la suite, Nicolas Langelier a repris sur un ton badin la conversation Twitter, mais nul besoin de vous dire que ses propos devaient être scrutés à la loupe par ceux qui avaient suivi l'altercation. Il disait donc : « Attends d'être ajouté à une liste Twitter qui ne serait pas "Médias/Journ.". Suggestions : utopistes, ailiers gauches, clinodactyles. »

Patrick Tanguay (@inevernu sur Twitter), blogueur et développeur web bien connu parmi les gens de Yulblog, lui proposa : « @nlangelier, je pourrais partir une liste "monde qui se sont pognés avec Michelle Blanc", ça t'irait ? » Nicolas Langelier a conclu : « @inevernu, pourrait être long... » Patrick m'est revenu sans rancune en ajoutant : « @MichelleBlanc, lol. Tu dois admettre que la liste dont je parlais serait assez longue. Comme le nombre de listes de fans l'est certainement ». Patrick avait vu juste : on fait souvent tout un plat d'une prise de bec avec quelqu'un qui ne partage pas nos points de vue mais, au fond, pour un détracteur, on trouve souvent des dizaines, voire des centaines de gens qui sont d'accord.

Bref, sur les médias sociaux comme au travail et dans la vie, il y a des gens qui ont l'audace de leurs opinions et disent tout haut ce qu'ils pensent. D'autres veulent exprimer des opinions fortes tout en espérant que la partie critiquée n'aura pas le droit de répliquer, car ils ne souhaitent pas devoir expliquer leurs déclarations au-delà de leur petit coup de cymbale. Que faire alors ? Pour effectuer une veille de votre marque ou pour être informé quand on parle de vous à votre insu dans Twitter, vous pouvez toujours utiliser l'engin de recherche de Twitter ou, encore plus facile, utiliser un outil comme Samepoint. Pour ma part, je vais commencer à faire de la méditation et tenter d'envoyer des ondes positives aux connards qui font monter ma pression !

Un cas vécu : quand la diffamation devient menaçante

Je suis une passionnée et mes idées me valent parfois d'être contredite, interpellée et même assommée par des moqueries. Comme je vous l'ai montré dans ce chapitre consacré aux rapports interpersonnels, le Web n'échappe pas aux principes et aux lois qui régissent notre vie de tous les jours ; ce que quelqu'un n'oserait pas dire de vous ou de votre entreprise en public, il ne devrait pas le dire sur le Web. Ce principe n'a pas empêché, en mars 2010, un jeune aspirant néonazi en mal d'attention d'utiliser mon image pour se créer un canal YouTube et d'inciter une bande d'excités à se moquer des transsexuelles. Par la suite, ils en sont venus à tenir des propos injurieux à mon endroit et, à mon grand dam, à proférer des menaces de mort à peine couvertes. J'ai donc fait un rapport de police dès le lendemain de ma découverte.

En effet, en faisant mes recherches, j'ai vu que le suspect en question avait écrit sur son propre site : « *He is a bitch and a transvestite ! I think I have a plan for him ! Hahaha ! I will laugh and some thousands of people too...* » D'autres propos, censément d'allégeance hitlérienne, incitaient à la haine des travestis, des homosexuels et des transsexuels : « *Groups cause only stupid like them accept : transvestite, homosexual... suck of course [sic].* » Le pire a sûrement été de lire « *kill her, kill him* » parmi les échanges de ces extrémistes de pacotille. Qui aime entendre ou lire des menaces à son endroit ?

Disons que j'ai reçu bon nombre de courriels haineux, dont un en particulier qui souhaitait au chirurgien qui devait pratiquer mon intervention de changement de sexe de rater l'opération. Mais c'était la première fois qu'on me ciblait directement et qu'on incitait à la violence à mon égard avec une telle intensité. J'ai donc utilisé mes ressources pour trouver ce détraqué et ramasser les preuves qui serviraient à une enquête criminelle ou à une poursuite au civil. Un de mes contacts, qui ironiquement est aussi transsexuelle, a fait avec lui du *social hacking*[106] et l'a mené dans un traquenard web. Nous avions maintenant son adresse IP et les preuves de son acte criminel, nous savions que c'était un mineur domicilié en banlieue de Montréal et nous lui avions donné rendez-vous en face d'un dépanneur de cette localité. Bien évidemment, ce n'est pas sa nouvelle amie qui l'attendait au dépanneur mais bien la police, qui a procédé à une identification en règle. Le résultat de cette démarche est que l'individu en question a été arrêté, qu'il a confessé son geste et qu'il a comparu devant les tribunaux pour son crime. Il ne faut donc pas prendre à la légère les attaques envers un individu ou un *brand*, et si des actes criminels sont commis en matière de diffamation ou de cyberintimidation, les forces de l'ordre et les avocats sont là pour vous aider.

Dois-je vous dire que je suis sortie de cet événement psychologiquement meurtrie, inquiète de ma sécurité et consciente plus que jamais que d'avoir été ouverte à propos de ma condition de transsexuelle a fait de moi une cible pour certains désaxés qui répandent leur fiel en toute liberté ?

---

[106] Cette personne s'est donc créé un personnage sur le Web qui avait des affinités avec le suspect et elle a ainsi pu obtenir de l'information et le mener dans un piège.

Rassurez-vous, j'ai tout de même eu une formation militaire, je sais me défendre et je n'ai pas perdu mon sang-froid. C'est aussi par les médias sociaux que j'ai pu rencontrer une spécialiste du cybercrime qui m'a aidée dans ce dossier, et grâce à cela nous faisons avancer la connaissance dans ce domaine. J'ai aussi raconté cette histoire sur mon blogue, tout d'abord pour rassurer les gens que j'avais inquiétés en lançant quelques bribes d'information sur Twitter et sur Facebook, puis parce que l'intimidation existe encore dans notre société et qu'il est important d'en parler.

Pour se bâtir une image intéressante dans les médias sociaux, il faut savoir déconner

La vie est courte, les journées sont longues et, en général, on travaille fort pour gagner sa vie. Je trouve que le fait de savoir déconner, dans le sens de rigoler franchement, d'avoir le sens de l'humour, de ne pas être coincé non seulement est relaxant mais devient un atout stratégique en affaires. Enfin, c'est ce que je mets en pratique et ça me fait un bien fou de déconner avec les copains sur Twitter, Facebook et dans mon blogue. Je suis même de plus en plus convaincue que mon humour est l'un des points qui me différencient positivement des autres et qui ont contribué au succès de mon blogue. De toute façon, les gens ennuyeux ont une caractéristique que tout le monde s'entend pour reconnaître : ils ennuient.

Présentez vos intérêts ; d'autres les partagent…

Mais que peut bien venir faire une recette dans un blogue sur le marketing internet, comme la recette de sauce *ragu bolognese* de Robert Freson que je présentais sur mon blogue en mai 2009[107] ? Je dis à tous mes clients qui lancent un blogue d'affaires qu'ils doivent se créer une catégorie équivalente à la mienne, comme « Personnel et peut-être même hors sujet » ou toute dénomination qui marque une différence avec les contenus habituels. Parce que savoir sortir de sa ligne éditoriale de temps à autre est, à mon avis, un point fort d'une présence blogue d'affaires efficace. Si vous le faites, vous démontrerez que vous n'êtes pas un être borné, limité à un sujet. Cela vous permettra d'ouvrir une fenêtre sur un autre aspect de votre personnalité ou de votre *brand* et de dévoiler un côté amusant et positif. Ainsi, le lecteur pourra interagir avec vous différemment, ce qui humanisera le blogue et le blogueur. Mon billet le plus lu en 2008 portait sur mes restaurants préférés à Montréal. Lorsque je parle de statistiques ou de données factuelles précises, comme dans mon billet présentant les chiffres liés à l'évolution de l'utilisation des médias au Canada, il n'y a pas tellement de commentaires possibles à ajouter. Par contre, si je parle de mes restaurants préférés, tous auront une opinion là-dessus et pourront facilement ajouter leur avis. En tout cas, pour moi, c'est un des ingrédients de la recette du succès de mon blogue, mais libre à vous d'inclure les ingrédients qui vous plaisent dans votre propre présence web…

Un exemple d'interaction sur Twitter redevable au pâté chinois

Le pâté chinois, ce n'est pas seulement bon, c'est magique. Un sujet simple comme une recette incite plus de monde à vous lire et permet à un plus grand nombre de gens d'interagir avec vous. Question de le prouver, j'ai fait un petit test sur mes profils Twitter et Facebook en proposant une mise à jour qui parlait de mon quotidien et du pâté chinois : « Bibitte dit que c'est un sacrilège, mais moi, mon pâté chinois, je le

---

107   La recette sur mon blogue : http://bit.ly/robertfreson

mange avec du ketchup et épicé à part ça, et je l'assume pleinement. » Pour continuer la plaisanterie, j'ai communiqué la réponse de ma conjointe : « Pour se venger, Bibitte dit qu'elle va maintenant mettre du ketchup dans la soupe bœuf et orge que j'ai faite hier soir = hehehe. » J'ai continué un peu sur la même lancée en disant : « Nouvelle polémique : le pâté chinois, avec du maïs en crème ou en grains ? »

La réponse a été surprenante : quelques centaines de réactions, dont celle de la très respectée journaliste Marie-France Bazzo, déclenchée par ma réponse à une autre journaliste, Thérèse Parisien. Cette dernière, devant mon intérêt pour le pâté chinois, me répondit : « Alors il faut absolument que tu mettes la main sur la recette de pâté chinois très épicé d'Ethné de Vienne ! » S'est ensuivi une conversation à plusieurs sur la recette de pâté chinois tex-mex de Mme Bazzo, puis sur ce que chacune faisait avant de se lancer dans cette discussion sur les meilleures recettes de pâtés chinois...

Je n'aurais pas eu un échange aussi enjoué avec des journalistes de mon domaine, car cela ne fait pas partie de leurs champs d'intérêt, et mon créneau est très spécialisé. Qui n'aime pas discuter de ses recettes préférées ou partager une recette dont il est particulièrement fier ? Ainsi, nos adeptes et lecteurs peuvent se sentir interpellés par un élément universel sur lequel n'importe qui a une opinion. Ces informations, publiées de temps à autre, humanisent votre *brand* et permettent une interaction. Le nombre d'interactions à propos d'un élément sans rapport avec votre ligne éditoriale permettra à vos contenus spécifiques et à votre présence dans les médias sociaux d'être encore plus forts et d'être encore mieux référencés dans les engins de recherche. Tout comme le ketchup dans le pâté chinois, il ne faut pas en abuser, mais ça assaisonne positivement le tout...

Les réseaux sociaux sont composés d'êtres humains qui, comme nous, ont différentes facettes. Pensez à un gros 5 à 7 d'affaires où vous voulez distribuer vos cartes et vous faire des contacts. Cela se fait en parlant d'autres choses que de votre champ de compétences… De la même manière, les médias sociaux servent à établir des relations avec des gens et des entreprises et, comme dans la vie, les gens qui retiennent votre attention sont ceux qui ont des intérêts diversifiés !

Chapitre 5

LES AGENCES TRADITIONNELLES

La bousculade dans les agences…

J'ai probablement un jugement biaisé sur la question, mais je dis souvent que les agences de pub sont « poche » et que ce milieu ne va pas bien. J'ai d'ailleurs discuté avec des décideurs en marketing qui ne savent plus par quels médias ni quels moyens rejoindre la masse. Cela fait donc du bien d'entendre le copain Martin Ouellette dire la même chose[108], avec encore plus d'éclat et en étayant son propos de son expérience. Dans sa conférence intitulée « L'avenir des agences de publicité », il expliquait comment, dans le contexte actuel, celles-ci ne sont plus nécessaires pour les producteurs de contenus. Cette critique a un poids, car Martin est un ex-gars d'agence traditionnelle recyclé dans la pub virale et le Web. De plus, il est blindé, car il est tellement décoré de prix locaux et internationaux que si c'étaient des médailles, il pourrait s'en faire un très, très gros bouclier.

---

108 Conférence de Martin Ouellette disponible sur Google vidéo : http://bit.ly/martinouellette

La preuve est dans le pouding

En septembre 2009, j'étais chez un client qui avait réuni une belle brochette des meilleurs consultants que les sphères du marketing peuvent apporter à une organisation de classe mondiale. Lorsque est venu le temps de me présenter, il a été très éloquent et flatteur à mon propos et a conclu sa présentation par : « Mme Blanc est lue à la grandeur de la planète, elle est passée maître de Twitter et Facebook, et elle connaît le *pull marketing "the proof is in the pudding"*. » J'ai trouvé ça très gentil de sa part, et ça m'a rappelé que, bien que je sois seule en affaire, depuis plus de deux ans, je n'appelle plus personne puisque ce sont les clients qui me téléphonent. De plus, je n'écris pas d'offres de service et je ne fais pas de *pitch* comme les agences. Mes contrats ne viennent que du Web. Je ne suis pas dans les Pages Jaunes et mon adresse n'est écrite nulle part. La preuve du concept d'acquisition client par le Web est donc facilement établie. En plus, je suis un peu baveuse et même vantarde. Cela fait longtemps que j'écris à propos de la puissance des médias sociaux en général et du blogue en particulier. Question de prouver mes dires une fois de plus, j'ai comparé à l'aide d'Alexa.com[109] la portée (*reach*) de mon blogue avec celle de sites d'agences web de classe internationale qui sont basées à Montréal, soit Sidlee.com, Nurun.com, Fjordinteractif.com et Marketel.com. Dans mon blogue, je leur ai même fait cadeau d'un hyperlien externe ; c'est que je suis gentille tout de même ! Ces agences ont plusieurs centaines d'employés et travaillent avec certaines des plus grandes marques de la planète mais, ironiquement, sur le Web, leur portée est plus faible que celle d'une seule personne, en l'occurrence, moi.

---

109 Sur ce site, en entrant une adresse Internet, on obtient une évaluation de la classification du site et de sa fréquentation. Pour plus d'informations et pour voir le tableau de la portée : http://bit.ly/alexamb

Un autre outil permettant d'évaluer l'efficacité d'un site web est de calculer le nombre d'hyperliens externes menant vers celui-ci. C'est ce qui a été fait grâce à Marketleap.com.

Tableau 3   Comparatifs des hyperliens externes[110]

Adresse	Total	Google/ AOL/ HotBot	Yahoo!/ Fast/ AltaVista
www.professionalink.com	17	0	17
www.polemic.net	23	0	23
www.fjordinteractif.com	**234**	**11**	**223**
www.webgurus.com	415	1	414
www.marketel.com	**833**	**34**	**799**
www.kpmgconsulting.com	1 221	0	1 221
www.consultingcentral.com	1 353	65	1 288
www.stokely.com	1 477	46	1 431
www.nurun.com	**6 819**	**368**	**6 451**
www.arthurandersen.com	6 958	312	6 646
www.fidic.org	10 831	432	10 399
www.sidlee.com	**12 183**	**362**	**11 821**
www.bcg.com	17 769	498	17 271
www.iprospect.com	18 534	355	18 179
www.marketleap.com	23 876	178	23 698
www.elance.com	29 099	846	28 253
www.csc.com	38 309	1 780	36 529
www.kpmg.com	45 181	1 010	44 171
www.michelleblanc.com	**107 418**	**3 280**	**104 138**

---

110   Tiré de http://bit.ly/comparatifs

Est-ce que le message passe (encore) ?

Quand on veut tout voir par la lorgnette de la publicité, on peut se dire que toute annonce d'un procès ou d'une exécution publique, comme il s'en faisait au Moyen Âge[111], est de la publicité ou des relations publiques. Je crie devant ma boutique que j'ai du pain frais, c'est donc de la publicité directe...

Avec l'industrialisation et la multiplication des produits de consommation après la Seconde Guerre mondiale, la publicité s'est installée dans nos vies, puis a profité d'un demi-siècle de pratique, de créations et d'études de nos motivations. Il est facile d'imaginer que le genre publicitaire, qui vendait du rêve et des produits, dupait allègrement la population, qui croyait aux vertus des produits annoncés comme si cela allait de soi. Mais nous ne sommes pas si bêtes et les agences de publicité, de marketing et de relations publiques ont dû adapter leur stratégie pour continuer de nous rejoindre. Tout allait plutôt rondement, jusqu'à ce que le Web, l'interactif, puis les réseaux sociaux viennent bouleverser ce beau petit monde habitué à nous mettre ses messages sous les yeux, sans possibilité de réplique. Le milieu, en effet, est déboussolé et accuse toujours le coup ; de fait, il est encore à se réorganiser... Et, vous me connaissez, quand je vois un milieu mettre dix ans à réagir à un changement annoncé, je rigole.

De nouvelles cibles pour les agences... Vous, moi et nos blogues !

Quelques années après l'ouverture de mon blogue voué au Web et au commerce en ligne, mon statut de blogueuse étant établi, je m'étais habituée à recevoir des propositions

---

111 Lire à ce sujet un article de Marie-Anne Beaulieu, « Enseignes, cris, textes. Les pratiques publicitaires au Moyen Âge », *Le Temps des médias*, 2004/1, n° 2, p. 8-16.

de collaboration ou des demandes de visibilité. Je diffusais des renseignements, des opinions, et bien des relationnistes et agences de marketing et communication commençaient à expérimenter une nouvelle forme de relations externes, les relations avec les blogueurs.

Dans ce contexte, je reçois un jour ce beau message :

Bonjour,

J'ai le plaisir de vous adresser des informations sur la gamme de téléviseurs LCD Bravia de Sony.

Dans ce premier numéro, vous retrouverez l'actualité du marché, des nouveaux produits, des informations relatives à l'environnement et un focus sur le design des téléviseurs LCD Bravia de Sony.

Xxxx Xxxxx, chef de groupe TV Sony France, reste à votre disposition pour toute demande d'information complémentaire.

Bien cordialement,

Xxxxx Xxxxx

Le-public-systeme.fr

Le message, un savant mélange de marketing, de courriel, de publicité, de lettre d'information personnalisée et de communiqué de presse, venait d'un groupe de relations de presse français que je ne connaissais ni d'Ève ni d'Adam. C'était donc d'autant plus surprenant qu'on me cible ainsi, car mon blogue ne fait pas dans la critique de produits de consommation électronique. Peut-être en avais-je touché un mot sans le remarquer ? En tout cas, ils lisaient vraisemblablement dans mes pensées, parce que le week-end précédent, je m'étais acheté un téléviseur LCD 42 pouces de marque LG. J'avais bien vu les modèles Bravia de Sony, mais ils me paraissaient beaucoup trop chers comparés aux LG. Lorsque je magasine, je ne perds pas des heures à étudier les spécificités techniques de la bébelle dont j'ai besoin. Cela m'a donc vraiment fait marrer de recevoir ainsi ce truc d'une agence de relations publiques parisienne qui, de toute évidence, ne lisait pas mon blogue et envoyait ce communiqué-message n'offrant aucun point distinctif à quiconque était joignable pour vanter les mérites de leurs machins. En lisant cela, puisque les gens des relations publiques percevaient apparemment mes besoins à distance, j'ai décidé de dire sur mon blogue qu'il me manquait un ensemble pour la salle à dîner, un matelas, quelques casseroles, une cafetière, un grille-pain, des ustensiles et des couverts. J'étais en pleine installation, alors j'ai pensé : si vous voulez que je parle de vos trucs de consommation, c'est le temps ou jamais de me soudoyer.

Mon appel est resté sans réponse, j'ai donc dû retourner faire mes emplettes car, de toute évidence, les agences qui s'adressent ainsi aux blogueurs ne les lisent pas...

L'obsolescence du modèle traditionnel des agences de marketing et de relations publiques

En janvier 2009, quand j'ai reçu l'analyse de l'agence de recherches et de statistiques américaine Forrester, *Les Prévisions du marketing interactif américain 2009-2014 – Les dépenses atteindront 55 milliards et l'interactif cannibalisera le secteur traditionnel*[112], dans un courriel d'Omniture[113], j'étais plutôt soulagée, car ce que je disais depuis quelques années se confirmait. Nous pourrions traduire cette analyse ainsi :

> En 2014, le marketing interactif atteindra quelque 55 milliards en investissement et comptera pour 21 % de toutes les dépenses en marketing, alors que les marketeurs détourneront l'argent des

---

112 *US Interactive Marketing Forecast, 2009 To 2014 – Spend Will Reach Nearly $55 Billion As Interactive Cannibalizes Traditional Media* : http://bit.ly/previsions

113 Omniture.com est une marque d'Adobe, les fabriquant du logiciel Acrobat, qui propose des services et produits liés à l'analyse web et à l'optimisation du marketing en ligne.

médias traditionnels au profit des études marketing, des annonces écrans, des courriels, des réseaux sociaux et du mobile. Cette cannibalisation des médias traditionnels amènera un déclin des budgets totaux investis en publicité, la mort des agences dépassées, une renaissance des éditeurs et une nouvelle identité pour Yahoo!.

Ainsi, on prédisait la mort des agences obsolètes! C'est ce que j'entrevoyais, mais de le lire ainsi chez Forrester m'a encore plus convaincue. Forrester continuait ainsi : « Les agences traditionnelles se meurent. Nous avions déjà avancé que les agences qui ne pourraient changer de mode et passer de "pousser le message" à "se mettre au diapason du consommateur" ne tiendraient pas le coup. »

Ce que Forrester soulignait plus précisément, c'est que les agences n'ont pas vu venir l'ère de la gestion des données, de l'analyse, de l'écoute et de la compréhension des outils sociaux. Dans cette ère, le mix-médias est différent pour chaque produit, selon la clientèle et les résultats escomptés. Cela semble logique, mais dans une perspective publicitaire bien ancrée, la routine s'était installée.

Ce mouvement s'est amorcé et, sans être devin, je pourrais prédire qu'ici aussi, les agences dites « traditionnelles » devront changer leur fusil d'épaule et prendre plus rapidement le virage médias sociaux, monitorage et gestion des données; elles devront participer à la conversation et faire du marketing que l'on dit *pull* plutôt que *push*[114]. Ce changement vient de la pression que les agences interactives mettent sur le milieu, c'est donc un gros « Wouhouhou » pour elles!

L'analyse de Forrester s'attarde aussi sur l'aspect média social de la nouvelle équation du marketing interactif. Les médias sociaux, de tous les canaux, connaîtront la plus

---

114 Voir, dans le lexique, « *Pull marketing/Push marketing* ».

grande croissance. Plus de compagnies adoptent les médias sociaux, puisqu'ils font maintenant partie du mix interactif. Forrester prévoit aussi que les marketeurs continueront de développer des applications sociales interactives. Et leur connaissance de ces médias continuera de s'améliorer, dit la respectée firme. Les médias sociaux se perfectionnent et la capacité de mesurer leur effet continue de s'améliorer. Donc, de conclure Forrester, de nouvelles façons d'utiliser les médias sociaux en marketing apparaîtront d'ici 2014.

Quelle bonne nouvelle! Cela signifie que les « capotés » comme moi et ma bande d'évangélistes des médias sociaux (je me moque ici de la vision biaisée qu'ont les agences traditionnelles du milieu) seront de plus en plus en demande auprès des entreprises innovatrices. Mon agenda est d'ailleurs très bien rempli et ceux des copains qui sont dans les blogues, les applications sociales et autres « gugusses » Web 2.0 le sont aussi. Notre petit groupe d'entrepreneurs du Web 2.0 ne subit pas trop la morosité économique par les temps qui courent, alors que la récession semble faire très mal à d'autres.

Comme je le mentionnais plus tôt dans ce livre, les applications marketing mobiles seront de plus en plus demandées. Depuis le début de 2010, nous assistons à une poussée incroyable des téléphones intelligents avec les Androïds et le iPhone, et ces succès annoncent la direction inévitable que prendra le nouveau marketing hyperlocal, hyperpersonnalisé et géolocalisé. Selon l'étude de Forrester, le mobile était encore en 2009 la chaîne interactive la moins utilisée dans le mix-médias. Cela serait redevable en partie au fait que, malgré la créativité des applications de géolocalisation reliées à des marques, nous disposons de peu de données sur l'utilisation des consommateurs; les marketeurs réagiront plus justement lorsque ces données seront connues et utilisables.

Comment les agences vivent-elles le changement ?

Récemment, j'étais au RDV Média[115] de la Journée Infopresse. Les grandes agences et les patrons des médias discutaient des enjeux auxquels sont confrontées leurs industries respectives. C'est souvent dans les corridors, lors de ce type d'événement, que les révélations les plus lumineuses se font. Là-bas, des gens énonçaient l'évidence suivante : « Les médias et les agences ne sont pas dans l'action, ils sont plutôt dans la réaction. » Une vérité de La Palice s'il en est une, mais bon, les changements actuels remettent tout en question. De mon côté, j'écoutais cela et je twittais : « On dirait une grande messe du désespoir... »

Les médias et les agences essaient de tirer la couverture chacun de son bord. Vous savez ce qui arrive dans ces cas-là ? Tout le monde se retrouve avec les pieds bien à découvert... Les acteurs de ces deux milieux sont actuellement à la croisée des chemins avec leurs modèles d'affaires instables et, pour être moins poétique, je dirais qu'ils ont les pieds dans la merde. Mais qu'en est-il de leurs clients communs, c'est-à-dire les patrons en marketing, qui par ailleurs étaient étrangement peu représentés ce jour-là ? Ces derniers sont aussi préoccupés par ce dilemme, magistralement exposé dans le document du Boston Consulting Group dont nous parlions dans la section « Comment vendre les médias sociaux aux patrons ».

L'audience réelle contre l'audience potentielle

Dans ce document du BCG, on disait que les médias de masse ne rejoignaient plus la population et que les médias de niche ne les atteignaient pas encore non plus. Tandis que nous parlons des agences, j'aurais envie de poser la question

---

115 L'événement s'est tenu en septembre 2009 : http://bit.ly/infopresse

suivante: les médias de masse rejoignent-ils réellement la masse? C'est une question à un million de dollars, montant qui équivaut pas mal au budget de ces grandes campagnes publicitaires, dont on mesure très difficilement l'efficacité de toute manière. Le Web ne les rejoint pas encore vraiment, car ces paramètres, même s'ils sont faciles à mesurer, ne correspondent pas encore à ce qu'ils connaissent. Pourtant, si on utilise les bons outils, le média web est facile à jauger et à mesurer. C'est même son grand désavantage lorsqu'on le compare aux médias de masse. Nous savons, par exemple, qu'une campagne web normale fait cliquer 10 000 personnes sur un élément, ce qui devrait signifier qu'elles l'ont lu; mais 10 000 personnes, ce n'est rien comparé aux 500 000 personnes qui devraient avoir vu une campagne télé. Vous voyez, d'une part, nous savons très exactement qui réagit à notre message, mais d'autre part, notre décision est basée sur la potentialité. Si l'on choisit de s'adresser aux 500 000 téléspectateurs, saurons-nous vraiment qui a vu le message? Cet écart entre les chiffres réels de la campagne web et ceux potentiels de la campagne télé explique la frilosité des gestionnaires marketing lorsque vient le temps d'investir dans un média social qui ne touche que « si peu » de personnes.

Les agences de relations de presse

Dans cette crise de l'industrie du marketing et des relations publiques, on peut même ajouter les agences de relations médias, ces gens qui poussent et vendent des communiqués de presse aux journalistes en vue de rejoindre leurs publics. Ne nous leurrons pas, si les médias vivent une crise (ou une transformation[116]), les relationnistes doivent revoir leurs méthodes. Les listes, les cent cinquante dossiers de presse en envois postaux, les communiqués ampoulés aux titres poétiques ou artistiques n'ont plus leur place. Les salles de presse ont rapetissé, les pigistes se sont multipliés (essayez donc dans ce contexte d'envoyer un courriel ou un dossier de presse !) et la plupart des contenus ont leur double en ligne, souvent produits par d'autres pigistes ou des gestionnaires de contenus. Si les journaux et les médias traditionnels connaissent de graves difficultés en 2010, les journalistes continuent-ils de lire les communiqués de presse ? J'en doute... Le mouvement est amorcé et, lorsqu'on se trouve dans une période charnière comme celle que nous vivons présentement, la meilleure tactique reste encore l'exploration et l'expérimentation. Mais, encore là, il faut être ouverts aux expérimentations faites ailleurs pour en bénéficier.

Tenter le changement et déraper misérablement...

Je dis depuis longtemps que le Québec accuse un retard, selon mon estimation, d'environ deux ans, sur l'adoption des technologies de l'information. Je le dis souvent lors de nos obstinations journalistes/blogueurs, je le dis maintenant pour les conneries que certaines firmes de communications font en ligne. Vous rappelez-vous de l'histoire du Bixi et des médias sociaux ? Le parfait exemple d'une agence traditionnelle qui fait un plan pour utiliser les médias sociaux, mais sans comprendre les fondements de l'outil. La chose a fait jaser et Patrick Lagacé, de *La Presse*, a commenté dans son article « Bixi, blogue et *bullshit* » ce dont on se

---

116 Mon ami Marc Desjardins, qui connaît bien le milieu journalistique et publicitaire, a longuement commenté ce sujet sur mon blogue ; je vous conseille de lire ce billet : http://bit.ly/marcdesjardins

rappelle maintenant comme d'une arnaque 2.0 qui n'avait pas lieu d'être :

> C'est l'histoire d'un blogue sur le vélo. Nom du blogue : « À vélo citoyens ». [...] Il n'y a qu'un petit pépin dans l'histoire que je vous raconte ici. Tout est faux. La rencontre des trois cyclistes-blogueurs n'est pas « fortuite ». Pour une raison bien simple : ils n'existent pas ! Gomez, Simoneau et Riopelle ont été créés au 1434, rue Sainte-Catherine Ouest, l'adresse de Morrow Communications, propriété d'André Morrow, qui assure le marketing, les communications stratégiques ou publicitaires de nombreux clients privés et publics[117].

Le pire, c'est que l'agence ne peut même pas prétendre être naïve, car la même arnaque avait été dénoncée deux ans plus tôt en lien avec un faux blogue de la compagnie Vichy[118]. Déjà que la réputation de Stationnement de Montréal est plutôt négative, la société ayant déjà été critiquée pour ses nouveaux parcomètres, qui n'enregistrent pas le temps investi dans une place précise et ne permettent donc pas au citoyen de céder une place payée à un nouvel arrivant, cette autre frasque ne fera pas grand-chose pour redorer son image. Il faut croire qu'elle le sait, mais plutôt que de corriger cette perception, elle la perpétue, car sa réaction à la dénonciation de cette pratique communicationnelle plus que douteuse de Morrow Communications par M. Lagacé a été : « Si on avait fait un blogue hébergé par Stationnement de Montréal, personne n'aurait été intéressé. Et puis, ça se fait ailleurs... » Nuance, cela s'est fait ailleurs, et sans succès !

Il faut dire que, à priori, faire un blogue avec une firme qui ne s'y connaît pas (Morrow Communications avait

---

117 Patrick Lagacé, *La Presse*, 12 mai 2009 : http://bit.ly/bixilagace
118 En 2007, sur son blogue, Mickaël Guillois relate l'histoire d'un faux blogue créé pour soutenir les produits cosmétiques Vichy : http://bit.ly/vichyguillois

alors un site en Flash avec un *splash screen* en accueil... c'est tout dire !), ce n'est peut-être pas la stratégie de blogue d'affaires la plus optimale qui soit. Pourtant, il pleut des exemples positifs de blogues d'affaires sur des sujets beaucoup moins sexy que le produit Bixi, une innovation que tout le monde avait réellement hâte de voir arriver en ville. C'est certainement le plus désolant dans cette histoire ; en percevant la réponse favorable à l'arrivée de Bixi, en prenant le pouls des militants pro-vélo urbain, il est évident qu'on aurait pu recruter des blogueurs influents pour faire des billets sur le Web et engager un animateur de médias sociaux réel. Tout cela sans efforts, ou presque. En fait, cela a probablement été plus exigeant de tout inventer pour ainsi flouer les amateurs de vélo...

Mais bon, on est sans doute nés pour être en retard, et ce retard, même dans nos conneries, se confirme encore (gros soupir !).

Les relations publiques en ligne : tactiques et objectifs pour commencer à s'améliorer

Serez-vous surpris de lire que je suis décidément pro-marketing internet et pro-médias sociaux ? Cela ne veut cependant pas dire que je suis contre la publicité traditionnelle et les relations publiques. Ces secteurs d'activité sont en crise, certes, mais ils ont toujours leur pertinence. Et ils en auront toujours une. La différence sera dans le poids qu'ils auront dans le mix-médias. Comme nous l'avons vu avec le rapport de Forrester, chaque année, le pourcentage des dépenses accordées à chaque média publicitaire (par exemple le papier ou la télé) varie en fonction des objectifs d'affaires et des sommes accordées aux nouveaux médias (le Web). Je suis aussi une promotrice de la convergence médiatique et de son corollaire, la convergence du marketing.

Quand les canaux de communications marketing et médiatique seront plus intégrés, une entreprise pourra se servir de l'un pour pousser de l'information vers l'autre, puis mesurer les résultats et ainsi atteindre ses objectifs. Nous devrions aussi utiliser le levier des médias sociaux pour accroître la fréquentation de nos présences web et faire une veille de ces résultats. Voici quelques-uns des objectifs d'affaires qu'une entreprise peut chercher à atteindre avec les relations publiques en ligne.

- Accroître le nombre d'hyperliens externes pour ses propres sites web, ce qui facilitera leur positionnement naturel, puisque le nombre d'hyperliens externes menant vers un site et provenant d'adresses IP différentes est comptabilisé comme l'un des facteurs clés du référencement naturel.
- Améliorer son positionnement temporaire (pendant deux à quatre semaines) dans les résultats des moteurs de recherche en reliant des mots clés à sa marque afin de se ranger dans les premiers résultats de recherche dans la section « nouvelles ». Cela peut être difficile à obtenir avec un positionnement naturel si ces mots ne font pas partie des mots clés utilisés habituellement. Par exemple, une entreprise ou un individu pourrait vouloir se positionner temporairement, lors d'une crise communicationnelle, avec une phrase clé du genre, « contamination à la listériose » ou « séisme à Haïti » et faire valoir les efforts qu'elle fait pour aider à dénouer une crise ou soutenir des gens dans le besoin sans pour autant créer une section spécifique à cet effet dans son site corporatif.
- Augmenter et diversifier la visibilité médiatique.

- Atteindre de nouveaux publics cibles (les jeunes ne lisent plus les journaux).
- Améliorer le positionnement naturel lors de requêtes spécifiques dont les thèmes ne sont pas directement abordés sur le site de l'entreprise.

Le communiqué de presse optimisé

Pour obtenir un impact stratégique optimal, vous devriez suivre un processus de relations publiques en ligne, qui inclut une communication bien orientée et un communiqué conséquent. Voici quelques pistes pour commencer.

Définir les objectifs communicationnels et les objectifs d'affaires. Est-ce strictement une activité de relations publiques classique qui utilise le Web comme complément, une activité visant à atteindre un objectif stratégique de positionnement web, ou les deux ? La réponse à cette question pourrait dicter le type de contenu, l'effort de recherche sur les mots clés et le nombre de services de mise en ligne et de communiqués de presse web utilisés.

Choisir ses mots clés ou son lexique. Il a toujours été important de choisir les mots qu'on utilise pour la rédaction d'un communiqué de presse traditionnel. Cependant, dans un contexte web, le choix des mots utilisés revêt une importance qui tient plus du calcul mathématique que de la sémantique ou de la stylistique. Il est crucial de choisir des mots de tous les jours que les internautes utiliseront eux-mêmes lors de leurs requêtes dans les engins de recherche. À titre d'exemple, un manufacturier automobile qui veut communiquer des renseignements à propos de ses produits devrait utiliser le terme « voiture » plutôt que « automobile ». Le premier est en effet dix fois plus utilisé dans les requêtes des internautes. D'où l'importance de vérifier, avant la publication finale, l'incidence des recherches des internautes sur les synonymes des mots que l'on veut utiliser. Pour ce faire, vous pouvez utiliser les outils de Google Adwords, qui offrent une idée du nombre de requêtes. Il existe aussi une panoplie d'autres outils produisant des données numériques associées au nombre de requêtes des internautes. Il est cependant impératif de savoir d'où viennent les chiffres et de s'assurer d'une certaine corrélation entre notre public cible et les quantifications de requêtes textuelles fournies.

Travailler le titre et le texte. L'article de Steve Lohr « *This Boring Headline Is Written for Google*[119] », dans le *New York Times*, décrit bien la situation des médias qui veulent être référencés dans les résultats des engins de recherche : ils doivent écrire des titres pour ces moteurs, et non seulement en fonction des lecteurs ou du rédacteur en chef, mais pour améliorer leur performance à la recherche. Comme il l'explique, les agences de presse et les médias ont commencé à modifier leur site pour obtenir de meilleurs résultats de recherche. Et, faut-il le mentionner, il n'existe pas d'algorithme capable d'analyser l'esprit, l'expressivité, l'ironie et le style littéraire. Ainsi donc, poursuit-il, le *New York Times* (ou la BBC) auront deux titres différents pour le même article, un pour la version imprimée et l'autre pour la version web. Nous pouvons nous demander si cette nouvelle pratique aura une influence majeure sur le journalisme tel qu'on le connaît. L'auteur de cette réflexion rappelle que la structure de la pyramide inversée (où les éléments clés d'un sujet sont d'abord déclinés dans l'article) vient elle-même de l'invention du télégraphe, qui devait aller à l'essentiel. Il devrait donc en être de même pour le Web.

Le communiqué unique n'est plus... Dans ce contexte, il faudrait rédiger deux communiqués distincts : un pour les médias traditionnels et un autre pour les engins de

---

[119] L'article de Lohr dans le *New York Times* : http://nyti.ms/stevelohr

recherche. Celui qu'on a conçu pour les engins de recherche doit contenir un appel à l'action (un clic vers le site ou un document du site) afin de favoriser la mesure internet de l'activité de relations publiques. Celui qui est rédigé pour les médias traditionnels doit aussi être diffusé sur le site web de l'entreprise sous format HTML. Il servira d'hyperlien aux blogueurs, la troisième catégorie de médias que l'on cherche à joindre.

Envoyer son communiqué de presse aux agences de RP web. Il existe de nombreuses agences de dissémination de communiqués de presse pour le Web. L'avantage de faire parvenir les communiqués à plusieurs d'entre elles, c'est qu'elles ont toutes des adresses IP différentes. Ainsi, si dans un de vos communiqués vous avez cinq hyperliens menant vers l'une de vos propriétés web et que votre communiqué est diffusé par cinq agences, vous venez de créer vingt-cinq hyperliens externes pour votre site. Voici une liste de certaines de ces agences de diffusion :

1. www.free-press-release.com
2. www.articleselect.com/index.php
3. www.seenation.com/loginindex.php
4. console.prWeb.com/prWeb/login.php
5. prndirect.prnewswire.com/
6. www.prnewswire.com/
7. www.businesswire.com/
8. www.pr.com/promote-your-business

Mesurer l'efficacité des actions posées. Tout comme pour les relations publiques traditionnelles, il est possible de mesurer le *buzz* qui se propage en ligne à la suite d'un effort de communication. On peut également mesurer le nombre d'hyperliens externes qui aboutissent vers la page des RP, on peut calculer le nombre de clics (s'il y a un *call to action*, ou appel à l'action) et le nombre de mentions de la campagne en ligne dans les médias traditionnels.

Les relations publiques avec les blogueurs

Dans « *How Not to Distribute a Press Release*[120] », Rick E. Bruner expliquait qu'il ne faut pas aborder les blogueurs comme on aborderait des journalistes traditionnels. Le blogueur, s'il parle de votre nouvelle, ne recopiera pas votre communiqué ; il le commentera et affichera un lien vers le document. Donc, pas besoin de le mettre dans le courriel : un lien vers le communiqué suffit. Bruner se prononce aussi contre le communiqué en PDF, qui souvent demande un certain temps d'ouverture. Un document HTML suffira et facilitera la tâche du blogueur. C'est ce que vous voulez...

Afin d'être réellement efficace dans vos communications avec les blogueurs, vous devriez écrire un courriel personnalisé à chacun d'eux. Avant de faire au hasard une liste de blogueurs populaires, prenez le temps de lire leurs billets récents pour connaître leurs intérêts et pour trouver l'angle que vous leur présenterez. Et rappelez-vous de mon exemple en début de chapitre : si le blogueur ne s'intéresse pas à votre domaine, n'essayez pas de le convaincre de parler de vous juste pour avoir de la visibilité. Il existe déjà la publicité pour ça !

Où allons-nous avec tout ça ?

C'est par un tweet de Christian Joyal que j'ai pris connaissance du billet « *What's next in marketing and advertising*[121] » de Fresh Networks. Il n'y avait là-dedans rien de nouveau, pas plus que dans le billet où je citais Jakob Nielsen[122], qui expliquait que le Web 2.0 faisait son entrée dans les Intranets des organisations, un sujet dont je discute avec mon copain Claude Malaison depuis un bout de temps. Mais c'est toujours

---

120 Du blogue Executive Summary : http://bit.ly/rickbruner
121 Le billet sur Fresh Networks : http://bit.ly/freshnetworks
122 Mon billet sur Jakob Nielsen : http://bit.ly/jakobnielsenmb

bon de répéter, pour ceux qui n'ont pas le temps, le goût ni, j'ose dire, la sagesse de relire mes archives, ce que seront le marketing et la pub de demain, voire d'aujourd'hui, selon le degré d'innovation de chacun. Le billet de Fresh Networks reprend les grandes lignes d'une présentation de Paul Isakson[123], que je traduis ici librement :

1. le futur du marketing est collaboratif ;
2. le futur du marketing est généreux ;
3. le futur du marketing est expérimental ;
4. le futur du marketing est utile ;
5. le futur du marketing est ludique ;
6. le futur du marketing est personnel ;
7. le futur du marketing est authentique ;
8. le futur du marketing est participatif.

Le mot de la fin à Steve Rubel

En octobre 2009, j'ai eu la chance d'être invitée à l'événement MIXX Canada[124], organisé par IABC, et d'interviewer Steve Rubel[125], bien connu dans le monde de la techno et des relations publiques innovantes. M. Rubel est vice-président senior de la célèbre agence Edelman et auteur du non moins célèbre blogue Micropersuasion (maintenant archivé sur son site), que j'ai eu l'honneur de citer à de nombreuses reprises dans mon blogue. Le rencontrer était donc pour moi un privilège. Je dois toutefois préciser que cet entretien s'est déroulé en anglais et que j'ai rédigé mes notes en français. Mes notes sont donc un aide-mémoire, mais elles ne sont certainement pas le compte rendu intégral des propos de M. Rubel.

Après quelques réflexions sur le futur des agences traditionnelles, j'ai voulu demander à Steve Rubel qui, parmi les

---

123 Le billet de Paul Isakson : http://bit.ly/paulisakson
124 http://www.mixxcanada.com/
125 http://www.steverubel.com/

gens de marketing et de relations publiques, serait à même de gérer ce changement de cap mené par les médias sociaux. La réponse de Steve Rubel a été à peu près la suivante : « Je crois que d'ici cinq à dix ans ce sont les gens de relations publiques qui vont contrôler le marketing. Les consommateurs ne font plus confiance à la publicité, ils ont besoin qu'on s'adresse à eux, et les gens de RP ont l'habitude et les habiletés pour ça. Les technos offrent de plus en plus d'occasions d'entrer en communication directe avec le consommateur ; il y a aussi toute la question de la collaboration qui s'installe avec eux. Ce sont assurément des champs d'expertise des relations publiques. »

Je lui ai donc demandé si c'est ce qu'il disait aux gens de marketing. Sa réponse fut brève : « Jamais, à moins qu'ils me posent la question… »

Chapitre 6

LE JOURNALISME ET LES MÉDIAS

La fameuse crise des médias

La saga des médias traditionnels contre le Web a attiré mon attention pour la première fois en 1998. Depuis, le Web a connu une évolution exponentielle. Est-il une menace pour les médias traditionnels, ou plutôt un complément qui décuple leur portée ? Il y a peut-être des deux dans la situation actuelle.

  La crise n'est pas récente. La situation du *Journal de Montréal*, du *Globe & Mail*, du *New York Times* et d'autres journaux traditionnels démontre à quel point les médias sociaux ont métamorphosé la culture de la consommation des médias. Les journalistes, évidemment, mais aussi les professionnels des relations publiques, du marketing et de la publicité doivent composer au quotidien avec cette récente réalité. Dans un contexte où la structure des entreprises de médias est en transformation, les journalistes perdent leur statut d'émetteurs exclusifs d'information et, d'un point de vue professionnel, leur statut d'employés syndiqués à la tâche bien définie est menacé. C'est donc tout un changement. Je dois avouer que j'ai un point de vue très biaisé sur la crise « appréhendée » des journaux au Québec. Mais avant de vous dire tout ce que j'en pense, je crois devoir vous faire une déclaration choc : la Fédération professionnelle des journalistes du Québec, à mon avis, c'est un groupe de retardataires réactionnaires[126] !

J'ai travaillé pour différentes composantes de l'empire Quebecor, comme on s'amuse à l'appeler ; j'ai fait de la consultation et des conférences pour RDI et Radio-Canada ; j'ai des entrées et des amitiés avec tous les grands groupes médias du Québec ; j'ai écrit pour Branchez-vous.com, LesAffaires.com et j'ai été experte invitée régulière lors de la première année du Canal Argent. De plus, je connais personnellement la plupart des journalistes technos du Québec (pour ne pas dire tous), ainsi que plusieurs de la France et de la Belgique. J'ai donc ce qu'on pourrait appeler une vision périphérique, ce qui ne m'empêche pas d'avoir mon propre biais.

Je crois que la situation des médias écrits au Québec, particulièrement des quotidiens, n'est pas dramatique parce que, comme je l'ai déjà montré pour le reste des phénomènes web, nous sommes toujours deux ans en retard. Même nos chicanes entre blogueurs et journalistes se font en décalage avec le reste du monde[127]. Pour l'innovation, on repassera, mais cela nous offre au moins l'avantage d'apprendre des erreurs des autres. Ici, la situation n'est pas dramatique parce qu'il y a une concentration de la presse. Ainsi, les grands groupes retrouvent un peu ce qu'ils perdent d'un média dans une autre branche de leur propriété médiatique. Par exemple, l'argent qui sort de TVA entre chez Canoë. Ajoutons à cela que nos annonceurs sont en retard

---

126 Voir mon billet : http://bit.ly/journalistes
127 Voir mon billet à ce propos : http://bit.ly/chierdanssesculottes

et ne songent pas encore à exploiter le plein potentiel que leur offre le Web, car ils croient encore aux balivernes que leur racontent les grandes boîtes de création publicitaire québécoises. Somme toute, notre microcosme linguistique protège nos médias des problèmes qui touchent les médias américains et canadiens. Et certains de nos médias locaux ont des revenus qui feraient rougir de jalousie leurs cousins américains. Une fois cela établi, il ne faut pas non plus être dupe et croire que les bouleversements majeurs qui affectent la presse mondiale nous épargneront. Disons simplement que, si la moitié des médias écrits américains risquent de disparaître dans les prochains mois, l'hécatombe ne sera pas aussi dévastatrice de ce côté-ci de la frontière. N'empêche que la pression est forte et qu'elle le sera de plus en plus. En février 2009, à la publication de l'étude annuelle du Bureau de la publicité interactive du Canada (IAB), j'écrivais qu'au Québec, pour la première fois, les journaux perdent leur place dans les marchés au profit du Web et que seules la radio et la télévision jouissent encore d'une certaine primauté sur celui-ci[128]. Mais les jeunes vieillissent et il est probable qu'ils ne feront pas demain ce qu'ils ne font pratiquement pas aujourd'hui, c'est-à-dire lire les journaux. Et les plus vieux vont prendre leur retraite, puis mourir ; je doute fort que leurs héritiers se paieront, en mémoire de leurs aïeuls, un abonnement à leur journal préféré. À moyen terme, ça s'annonce plutôt mal pour les quotidiens.

Et c'est sans compter que les annonces classées, qui ont longtemps été la vache à lait de nos quotidiens, vivent présentement une lente agonie devant les services en ligne gratuits de Kijiji et Craigslist, pour ne nommer que ceux-là. Quand on sait que les journalistes du *Journal de Montréal*, un de nos médias papier encore rentables, se

---

128 Pour plus de détails, lire mon billet : http://bit.ly/evolutionmb

sont retrouvés en *lock-out*, entre autres pour sauver les jobs, perdus d'avance, des téléphonistes, c'en est presque loufoque. Enfin, tous les journaux ne mourront pas, ni les grandes marques d'ailleurs, mais les pratiques journalistiques risquent de changer radicalement. Vous verrez à la fin de ce chapitre les actions concrètes que les médias peuvent prendre pour sauver la mise. Tout comme la radio n'est pas morte avec l'arrivée de la télévision, le journal ne va pas mourir avec l'arrivée du Web. Il va cependant se transformer, et sa version papier risque de devenir de moins en moins pertinente, en plus de ne pas être écologique et de nous coûter une fortune en frais d'enfouissement et de récupération.

Un virage dur, dur

On n'a pas vraiment le choix, il faut accepter ce qu'apporte la culture numérique. Le tournant ne peut être évité. Vous connaissez mon opinion sur le sujet. Pourtant, en novembre 2009, lors de menaces de grève à *La Presse*, j'ai reçu à ma grande surprise ce splendide courriel pour le moins concis, intitulé « Si *La Presse* n'existait pas ».

> *Chers blogueurs,*
>
> *Dans le cadre de la négociation en cours à* La Presse, *nous vous envoyons la vidéo suivante. N'hésitez pas à la diffuser!*
>
> *http://www.youtube.com/watch?v=XWNIryDCMBE*
>
> *Le Syndicat des travailleurs de l'information de* La Presse *(STIP)*
>
> *Affilié à la FNC/CSN*
>
> *Tél.: 514-xxx-xxxx*
>
> *ou 514-xxx-xxxx*
>
> *www.lestip.org*

Vous le comprendrez, ce fut plus fort que moi: j'ai pouffé de rire. Pourquoi me bidonner ainsi devant ce courriel? Je suis loin d'être insensible aux angoisses des journalistes, mais leur petite tactique mobilisatrice était d'une « pochitude » exemplaire. Tout d'abord, leur *lipdub* « Si *La Presse* n'existait pas… », sans réel *lipdub* (faire un *lipdub*, c'est faire semblant de chanter), n'était pas des plus originaux. Cette tactique était encore innovatrice en 2008 et avait déjà en 2009 un je-ne-sais-quoi de *has-been*. De plus, quel courriel désespérant ! Pas de personnalisation, pas de mise en situation, pas de contexte. Le syndicat des journalistes prend-il les blogueurs pour des courroies de transmission vendues à leur cause ? S'ils avaient eux-mêmes reçu ce genre de courriel d'une source externe, l'auraient-ils pris en considération ? Croyaient-ils que nous, blogueurs, si obnubilés par leur sort, courrions les sauver pour peu qu'ils nous envoient quinze mots dans un courriel ? Pour y répondre, demandons-nous combien de journalistes de *La Presse* sont déjà allés rencontrer des blogueurs (outre Patrick Lagacé et Tristan Péloquin), lisent des blogues, les commentent ou encore suivent des blogueurs sur Twitter. Combien d'entre eux ont répandu leur fiel sur ce qu'ils considèrent comme la plèbe ? Répondre à ces questions constitue déjà un début de réflexion. Leur tactique est encore plus surprenante quand on sait que je ne suis pas reconnue pour être la plus ardente défenseure de leurs positions syndicalistes et journalistiques, et que j'ai maintes fois dénoncé les initiatives de relations publiques qui interpellaient les blogueurs de façon médiocre.

Si nous avions besoin d'une preuve supplémentaire du fait que les journalistes ne lisent pas les blogues, en voilà une. Peut-être aussi faisaient-ils simplement et indûment du pollupostage (*spam*), sans égard au destinataire de leur message mièvre. Pour ma part, j'ai optimisé mon billet avec un troisième « Si *La Presse* n'existait pas ? », comme une autre bouteille à la mer, afin que pour une fois ils lisent une réponse qui leur était adressée. Grande rêveuse, j'espérais qu'ils prendraient connaissance de ma réponse, et c'est donc à leur attention que j'ai cité l'article « L'information ne s'est jamais mieux portée » de Stéphane Baillargeon, publié dans *Le Devoir* :

> La crise ? Quelle crise ? demande de très loin le grand reporter Andreas Kluth, qui travaille pour l'excellent magazine *The Economist* depuis 1997. Il n'y a pas de crise médias, dit le fauteur de troubles, joint par téléphone en Californie. Évidemment qu'une part de l'industrie de l'information se meurt.

Fauteur de troubles, oui, car avec tous les remous que cela fait, nous savons bien, comme M. Baillargeon, qu'il y a très certainement une crise pour les propriétaires des médias et les journalistes dont les emplois sont menacés. Mais pour le citoyen, la crise n'est pas si perceptible : il peut s'informer sur le support de son choix, s'abreuver de plusieurs sources. Andreas Kluth ajoute même :

> Personnellement, je n'ai jamais été aussi bien informé par des sources de plus en plus diversifiées, confie-t-il. Mieux encore : je consomme maintenant une information de très grande qualité qui n'est plus seulement produite par des journalistes[129].

Le journaliste de ce réputé magazine conclut que ce sont les journalistes qui parlent de cette crise et qui la médiatisent. Car selon lui, le citoyen est plutôt bien servi et a accès à des blogues de spécialistes en plus de ses sources habituelles.

Comme je suis très généreuse et que je veux vraiment aider les médias papier, je leur ai aussi recommandé le billet « *Context is king*[130] ! », publié en novembre 2009, en français, sur le blogue AFP-MediaWatch :

> De plus en plus de journalistes développent, de gré ou de force, [la nécessité] de développer leur propre marque [...]. Le journalisme de qualité n'est plus l'apanage de grands groupes de médias.

---

129 Stéphane Baillargeon, *Le Devoir* : http://bit.ly/stephanebaillargeon
130 Eric Scherer, 18 novembre 2009 : http://bit.ly/ericscherer

De nouveaux acteurs inventent, avec facilité et jubilation, la grammaire des médias, des échanges, de la circulation de l'information de demain. Ils le font gratuitement, car le média est excitant et qu'il y a des places à prendre ! La révolution de l'information est terminée : chacun est devenu un média !

Dans ce contexte, Scherer constate que les médias traditionnels se retrouvent confrontés à la concurrence de millions de médias individuels, comme à celle des géants de l'information. Les médias, l'informatique et les télécommunications convergent et Google, Microsoft, Yahoo!, Orange et AOL sont devenus des *mass medias* sociaux.

Je dis souvent qu'il faut se bâtir une communauté avant d'en avoir besoin. Ainsi, le jour où on en a besoin, elle est là, prête à nous appuyer. Le contraire ne marche que très, très rarement, alors pourquoi tenter le diable ? Vous comprendrez que je n'ai pas fait de billet militant pour *La Presse* mais, néanmoins, je leur ai souhaité bonne chance dans la résolution rapide de ce conflit et j'ai laissé les journalistes à leurs rêves d'un paradis journalistique peut-être perdu. Cela dit, je n'ai pas manqué de leur recommander de changer de relationnistes syndicaux...

Les journalistes, les blogueurs et le Web

Nous l'avons dit au début de ce livre, les blogues ont maintenant dix ans, et le phénomène s'est démocratisé et répandu davantage depuis 2005. Au départ, les journalistes voyaient cela comme du « niaisage » : des plumes en manque de lectorat qui tenaient un « petit journal personnel » sur le Web. Mais le phénomène n'a pas tardé à inquiéter les journalistes. En octobre 2008, au Québec, au moment de la campagne électorale américaine, l'éditorialiste du *Devoir* Marie-

Andrée Chouinard[131] exprimait de grandes réticences quand le Parti conservateur du Canada a décidé d'accréditer des blogueurs, au même titre que les journalistes, pour son congrès. Elle y voyait un calque de ce qui avait eu lieu aux États-Unis pendant la campagne présidentielle et craignait une confusion des genres. Pourtant, les journalistes ne souscrivant pas à un ordre professionnel et n'ayant pas de formation obligatoire, rien ne garantissait le respect de ce qu'on nomme l'éthique journalistique. Mme Chouinard témoignait de la peur qu'ont les journalistes que certains partis politiques préfèrent accréditer des blogueurs complaisants plutôt que d'avoir à gérer de méchants journalistes aux dents longues, dont la plume, qu'on présume plus acérée en raison de leur grande probité, sera nécessairement absoute de toute partisannerie.

Pourtant, en 2010, il y a de plus en plus de journalistes blogueurs et de blogueurs payés par des sites de nouvelles pour proposer des billets à un lectorat toujours grandissant. Parle-t-on toujours de confusion des genres comme le craignait alors Mme Chouinard? Ou d'une autre mutation de notre façon de nous renseigner redevable au Web?

En fait, dès que le phénomène des blogues a pris de l'ampleur et a commencé à influencer l'opinion publique, le petit monde de la blogosphère québécoise a connu quelques commotions qui ont secoué les tripes des carnetiers locaux. De toute évidence, cela provenait de commentaires négatifs sur les blogues dans leur ensemble, ce qui, vu les multiples types de blogues, peut paraître aujourd'hui très peu pertinent. Je mentionnais alors l'article du rédacteur de Direction Informatique, Patrice-Guy Martin, « Le bogue avec

---

131 Marie-Andrée Chouinard, « Le poids du blogue », *Le Devoir*, 30 octobre 2008 : http://bit.ly/poidsdublogue

les blogues[132] » qui, déjà en 2006, questionnait la crédibilité de cette source d'information et laissait aux sociologues le soin d'analyser ce besoin d'exprimer partout son opinion. À la même époque, Franco Nuovo, du *Journal de Montréal*, en signant « Un blogue, quossa donne[133] ? », se questionnait de façon personnelle sur la nécessité d'avoir un blogue et sur le large spectre que couvrait ce terme; il concluait qu'une grande partie de ces blogues n'était pas lisible ni valable. Nuovo écrivit ensuite « Blogueur, va[134] ! », où il citait quelques blogueurs, dont Sylvain Carle, qui se permettaient d'éclairer sa lanterne.

Ma réponse aux récriminations

Les journalistes en voulaient d'abord au manque de crédibilité et de rigueur des blogueurs. Curieusement, au même moment, le manque de rigueur journalistique était un des éléments qui secouaient avec le plus de vigueur le temple médiatique mondial. Nous avons tous en tête le manque d'indépendance journalistique aux États-Unis lors de l'invasion de l'Irak et l'image plutôt douteuse des journalistes *embedded* (qui peut se traduire par « insérés » ou « au lit avec ») dans les forces américaines. Nous avons aussi le souvenir de scandales qui ont fait trembler de grands réseaux, dont celui de Dan Rather chez CBS[135], qui a dû se rétracter après avoir porté de graves accusations envers le président Bush, selon des documents qui se sont avérés n'être pas fiables. Que dire du *New York Times*[136], dont un

---

132 Article complet sur Direction Informatique : http://bit.ly/bogueblogues
133 « Un blogue, quossa donne ? » : http://bit.ly/franconuovo
134 « Blogueur, va ! » : http://bit.ly/blogueurva
135 L'article complet sur CBS News : http://bit.ly/danrathercbs
136 Le récit de la saga Jayson Blair racontée sur American Journalism Review : http://bit.ly/jaysonblairaffair

journaliste, Jayson Blair, après avoir été grondé quelques fois pour avoir étiré la sauce, avait été nommé reporter à Washington, pour finalement être remercié dans la disgrâce pour avoir inventé de toutes pièces des témoignages de *snipers* dont il disait taire l'identité au nom de l'éthique journalistique.

D'ailleurs, j'avais pris le temps de répondre à l'article de M. Martin (dans le billet « Ne croyez rien de ce blogue[137] ») pour expliquer que le réseau ABC News était coupable d'une erreur d'interprétation quant au nombre de blogues, contrairement au Blog Herald[138], qui s'exprimait justement sur le même sujet. Les vertus de l'intégrité et de l'efficacité journalistique ne sont donc peut-être pas aussi exclusives et fortes qu'on le prétend. Dans un même ordre d'idées, la guerre en Irak, les attentats de Londres, le tsunami d'Asie du Sud-Est et les inondations de La Nouvelle-Orléans ont connu une couverture médiatique revue et améliorée grâce à l'apport incontestable de ces blogues.

Pour ce qui est de la critique du « journal intime égocentrique », ne vous ai-je pas dit qu'il existe une multitude de types de blogues ? Des blogues intimes, des blogues d'entreprises, des blogues didactiques, des blogues professionnels... et j'en passe. Si je veux connaître une information de pointe à propos de l'engin de recherche Google, devrais-je consulter un article dans Wired.com ou me référer à des blogues spécialisés tels que Zorgloob.com, Seoroundtable.com, blog.searchenginewatch.com ou encore le blogue de l'ingénieur en chef de Google, Mattcutts.com/blog ? Pour ma part, je ferais certainement le tour de tous ces sites et de bien d'autres encore. Je conclurais aussi que ces sources d'information se complètent admirablement. Pour revenir

---

137 Mon billet « Ne croyez rien de ce blogue » : http://bit.ly/rienblogue
138 Le billet publié dans The Blog Herald : http://bit.ly/theblogherald

sur l'aspect « journal intime » de certains blogues, doit-on souligner que les journalistes d'humeur, dont MM. Nuovo et Foglia, ont la cote précisément parce qu'il est rafraîchissant d'avoir un point de vue personnel sur les détails d'une visite à l'hôpital, sur un commentaire de la bien-aimée ou encore de lire une chronique faisant état d'une saute d'humeur ou d'une sortie bien ficelée sur une réalité sociale ou politique. Ce sont souvent les mêmes types de commentaires que nous retrouvons dans les blogues avec parfois, j'en conviens, moins de rigueur, de style et même d'inspiration.

Une certaine suffisance des blogueurs ?

À ce sujet, Chris Anderson, rédacteur de *Wired*[139], inventeur du concept de la longue traîne[140] et blogueur[141], a énuméré « six raisons pour lesquelles [il] préfère les blogues au journalisme professionnel, pour des sujets de niches spécifiques où [il a] plus d'intérêts[142] ».

D'abord, en « 1 », il remarque que les blogueurs respectent assez les lecteurs pour ouvrir leurs commentaires. Ensuite, en « 2 », il souligne que lorsqu'un blogueur fait une erreur, en général il aura tendance à la corriger.

En troisième lieu, Anderson met en relief que les blogueurs comprennent que chaque fait qui peut être lié à une source doit l'être. Ce précédent point va de pair avec la quatrième raison : comme les blogueurs ne jouissent pas d'une « crédibilité institutionnalisée », ils font l'impossible pour corroborer leurs dires avec des preuves. Il ajoute même que les assertions sans sources sont la plupart du temps

---

139 http://www.wired.com/
140 Chris Anderson, *La Longue Traîne*, Éditions Logiques, Montréal, 2007. Le résumé en français de la théorie de la longue traîne est sur Wikipédia : http://bit.ly/longuetraine
141 Le blogue d'Anderson : http://bit.ly/andersonblog
142 Le billet original d'Anderson : http://bit.ly/6raisons

dénoncées par les lecteurs même si les billets de blogues sont souvent plus rigoureux que les articles journalistiques. Il faut dire que les blogueurs doivent acquérir la confiance de leurs lecteurs, pas seulement l'assumer.

Les deux dernières raisons, soit « 5 » et « 6 », touchent la spécialisation des blogueurs, car plusieurs blogues sont écrits par des praticiens, pas seulement des observateurs, dont les analyses sont donc souvent plus justes et détaillées, et finalement, les blogueurs admettront sans prétention que leur source d'information est une discussion de café ou qu'ils exposent le simple fruit de leur opinion.

Qui sont les gagnants de l'affrontement ?

Mais quels sont les médias les plus consommés : les blogues ou les grands médias traditionnels ? En 2006, Jason Kottke[143], dans son blogue Kottke.org[144], a comparé, pour les grandes nouvelles d'actualité de 2005, des résultats de recherches sur Google, entre les médias traditionnels et les blogues. Selon son classement, les médias traditionnels ont remporté 6 contre 2 dans le classement des résultats de Google pour les requêtes des huit nouvelles d'importance cette année-là. Dans un autre billet (« Médias traditionnels versus blogues[145] »), je citais David Sifry, de Technorati[146], qui concluait que bien que les blogues accaparent une part toujours plus importante du lectorat international, les journalistes traditionnels occupent encore la première position.

---

143 Jason Kottke est blogueur américain physicien de formation qui a gagné le Lifetime Achievement Award à titre de blogueur. Il est aussi connu pour avoir créé la police de caractère Silkscreen. Réf. : http://bit.ly/jasonkottke

144 « *Blogs versus the* NY Times *in Google* » : http://bit.ly/kottkeblog

145 Mon billet « Médias traditionnels versus blogues » : http://bit.ly/mediastrad

146 De Technorati : http://bit.ly/technoratiblogue

Les journalistes n'ont donc pas à craindre d'être supplantés par les blogueurs d'ici peu. D'ailleurs, pourquoi opposer les blogues et les autres médias ? Selon David Sifry, ils sont complémentaires. Tout comme le professeur Jay Rosen, de NYU[147], le disait dans son billet « *Bloggers vs. Journalists is Over*[148] » :

> De manière générale, le débat sur les blogues s'est toujours fait dans un contexte de duel à mort entre le « nouveau journalisme » et le « journalisme traditionnel ». Plusieurs blogueurs se voient comme des combattants numériques qui tirent à grandes salves de vérité et d'authenticité dans l'empire du monopole médiatique. Plusieurs salles de presse voient les blogueurs comme des amateurs en manque de compétences et surtout, d'un éditeur.

Jay Rosen, tout en constatant l'aspect résolument réducteur qu'ont les médias quand ils présentent tout débat ou changement dans un rapport gagnant-perdant, s'admet ouvertement sympatisant des blogueurs.

Il conclut que la montée des blogues ne signifie pas la mort du journalisme. Le monde ne se résume tout simplement pas en une équation où tout changement d'une donnée ramène l'autre à zéro.

Malgré cela, les journalistes ont peur ! Et ils ont raison ! Leur emploi va changer et, qu'ils le veuillent ou non, ils devront baiser la main de cette maudite convergence qu'ils conspuent depuis si longtemps. Ici, nous n'avons qu'une simili-convergence. Il y a certainement celle de *Star Académie* qui a fait couler tellement d'encre, mais outre cette épisodique convergence, Quebecor ne converge pas encore. Je l'avais d'ailleurs noté et applaudi lors du seul exemple réel de convergence de l'empire, qui avait eu lieu lors du fameux scandale des piscines contaminées

---

147 Page de Jay Rosen : http://bit.ly/jayrosennyu
148 Du blogue de Jay Rosen : http://bit.ly/pressthinkjayrosen

à Montréal[149]. Outre ce fait et *Star Académie*, de quelle convergence parlons-nous ?

Il y a aussi cette convergence tacite mais très efficace qui unit Gesca et Radio-Canada. Là, on peut parler de convergence efficace, et ils ne sont pourtant pas du même groupe. Nous pourrions parler alors d'une convergence protectionniste ; je ne me souviens pas d'avoir entendu un seul des journalistes qui y participent chialer là-dessus. Peut-être qu'il me manque des bouts de l'histoire…

Une nouvelle réalité pour les journalistes : la marque personnelle et l'appréciation publique

En octobre 2009, l'article de Stéphane Baillargeon « Ego inc.[150] » a fait réagir. Rappelez-vous pour en être convaincu le *twittfight* entre Nicolas Langelier et moi-même dont j'ai discuté plus haut. Un peu comme dans l'article « Context is king ! », on y expliquait que le journaliste est une marque en soi et est devenu son propre média. Dominic Arpin et moi sommes cités. Parmi les réactions à cet article, dans les commentaires du *Devoir*, on pouvait lire des âneries intellectuelles sur l'indépendance perdue.

> On parle maintenant de la mise en marché des journalistes. Foutaise. Exit, l'indépendance journaliste. […] La vérité dérange, enrage parfois, révolte souvent, mais elle est rarement plaisante. Si l'objectif de la personne qui fait du journalisme est de plaire au public, alors il y a une énorme confusion des genres et je ne pense pas qu'on puisse encore parler d'indépendance journalistique. On peut parler de communicateur privé, d'« entertainer », mais pas de journaliste…

---

149 Cette histoire sur mon blogue : http://bit.ly/canoequebecor
150 Stéphane Baillargeon, « Ego inc. », *Le Devoir*, 27 octobre 2009 : http://bit.ly/egoinc

D'autres commentaires portaient sur la marchandisation du journalisme :

> Quel discours ennuyant ! Quelle récupération marchande de la parole ! À se nourrir de l'obsession du paraître, on oublie le profond respect dû à la parole mesurée, informée, patiente ! Allez, bavards, marchands, bruiteurs, butineurs, répandez vos insignifiances sur la toile de Babel...

Bon, à ce que je sache, ces commentaires se retrouvent tous sur la Toile, et non sur le papier. J'en conclus donc que c'est « pour plaire au public » que ces commentaires existent, ces « ça fait dur en crisse » qui sont faits par des « bavards, marchands, bruiteurs, butineurs » qui répandent leur insignifiance sur la « toile de Babel... », pour reprendre les mots des commentateurs eux-mêmes.

Revenons donc à la notion de *personal branding*. Le phénomène n'est pas nouveau. Des noms comme Picasso, Chanel, Simone de Beauvoir, Sartre, Orson Welles ou Liberace vous disent sûrement quelque chose. Ce ne sont pourtant pas des journalistes, à ce que je sache, et le Web n'existait pas à leur époque. Ces personnalités ont dicté la perception qu'on avait d'eux. Elles sont passées à l'histoire et sont devenues des légendes façonnées par leur propre volonté. L'idée de se forger une image, un *personal branding*, ne date donc pas d'hier. J'avais expliqué ça au journaliste. Pour répondre à ces connards qui réagissent à tort et à travers, je citerai à nouveau l'article de M. Baillargeon :

> Le *personal branding*, c'est du *mix-marketing* avec les mêmes variables : le produit, son prix, sa distribution, sa promotion, explique la spécialiste du marketing internet Michelle Blanc. Le *branding*, c'est de la célébrité sous un autre nom. Cette renommée est fournie par les autres et les nouveaux médias permettent de multiplier les chances d'entrer en contact.

Stéphane Baillargeon explique ensuite que je suis moi-même une « marque » dans mon milieu et il en rajoute en mentionnant que certains de mes clients sont des journalistes québécois, voire des éditorialistes ou des chroniqueurs connus. J'ai expliqué à M. Baillargeon les grandes lignes de mon discours sur le journalisme, c'est-à-dire que l'éditorial et la chronique font encore vendre, les opinions fortes aussi. Il a donc sans hésiter écrit dans son article :

> Le fait journalistique en lui-même n'a plus de valeur. L'enquête en a, le reportage de proximité aussi, et puis la réflexion, la valeur ajoutée, quoi.
>
> Patrick Lagacé ou Richard Martineau l'ont compris : ils surchroniquent, ils omnicommentent, ils überbloguent, sur tout et n'importe quoi...

Maintenant, à ceux qui me reprochent de n'écrire que ce qui plaît au public pour m'en mettre plein les poches, je dirais qu'ils ne sont très probablement pas des gens qui me lisent ni qui lisent les Lagacé, Arpin et Blanchette, qui ont su harnacher le pouvoir de la communication bidirectionnelle.

Mais quel est notre problème avec la convergence ?

Il y a bien celles de GE et NBC Universal, FOX et News Corporation, Walt Disney, ABC et ESPN, VIACOM, CBS et Paramount, AOL, Time Warner et les nombreux tentacules de Sony... Mais ici, il faut qu'on diabolise la convergence conglomératique ! Et je n'ai même pas encore parlé de la convergence journaliste-média citoyen. Celle-là est LA convergence d'entre toutes et sera probablement celle qui sauvera les petits. D'ailleurs, Pisani, dans le billet « Un gadget peut-il sauver la presse[151] ? », dit ceci (mais libre à vous de vous faire une idée, il dit peut-être n'importe quoi puisque ce n'est qu'un journaliste-blogueur du *Monde*) :

---

151 Blogue de Francis Pisani, février 2009 : http://bit.ly/transnets

Si le journalisme de toujours se caractérise par la production d'informations, il semble clair qu'il ne trouve pas (encore) de modèle économique sur le Web.

Mais si le journalisme organisé autour du Web implique d'autres pratiques (l'essentiel étant l'expérience, les conversations), alors le modèle économique qu'il faut trouver est différent. C'est celui d'un journalisme dans lequel la production n'est qu'en partie assurée par les professionnels et qui se structure largement autour des liens, du partage, de la participation. Les modes d'opération incluent les algorithmes et l'ex-audience.

En même temps que nous nous interrogeons sur son rôle et ses fonctions sociales, c'est l'économie de ce journalisme-là qu'il faudrait modéliser.

Mais si nous revenons à la convergence médiatique classique, il y a cet exemple réussi, dont traite l'article « *Media Convergence : "Just Do It"*[152] », du *Nordjyske Newspaper*, fondé en 1767 au Danemark. L'initiative est venue de la base et a été supportée par un syndicat reconnu comme l'un des plus difficiles et hargneux de ce pays. Comme le dit, en 2002, le rédacteur en chef et initiateur du projet :

> Je dis souvent aux gens que le problème, c'est que tout le monde souhaite adhérer au progrès, mais que personne ne veut changer. Si nous voulons garder nos emplois, nous devons nous développer et développer la façon dont nous pratiquons le journalisme. Mais la conséquence du progrès est le changement ; nous devons donc faire quelque chose de nouveau, d'inhabituel, et cela amène de l'insécurité. Mais nous passerons à travers ensemble, si nous osons.

Aussi incroyable que cela peut sembler, ce rédacteur en chef a par la suite annoncé à ses employés que leur journal régional passerait en quelque dix mois d'un état de crise

---

152 Ulrik Haagerup, automne 2006, Nieman Harvard Education, traduit par les auteures de ce livre : http://bit.ly/niemanreports

profonde à celui de la publication la plus ambitieuse en Europe. Il décrit ainsi la méthode éditoriale qu'il a mise en application :

> [...] Le but est de faire de meilleures histoires. De déterminer des priorités plus pointues et d'utiliser différentes plateformes médiatiques pour mettre en valeur différents aspects d'une histoire. Et en partageant une salle de presse sans cubicule, entre collègues ayant les mêmes intérêts, nous pourrons échanger des idées et produire un meilleur travail.

En moins d'une année, les rôles et responsabilités de ces journalistes ont changé. Disons que c'est un très bel exemple de ce que pourrait être la convergence d'hier, ailleurs, appliquée demain, ici. Entre-temps, on peut toujours continuer à conspuer les conglomérats, à médire sur les blogueurs, à ne pas citer ses sources et à vomir sur l'apport citoyen comme cela s'est fait tant de fois et avec tant d'éclat, notamment dans le cadre de cette récente escarmouche entre Vincent Marissal et Patrick Lagacé rapportée par Canoë[153] :

> Dans sa chronique à Bazzo.tv, Vincent Marissal a aussi laissé entendre que plusieurs journalistes dans Internet – pas tous – font du « flash », des « sparages », du « tape-à-l'œil » et qu'ils ont « le droit de fonctionner sur un autre registre », « à un niveau de qualité diluée ».

Comment passerons-nous à travers cette crise ?

En décembre 2008, réagissant aux terribles changements qui secouaient le monde du journalisme, le conseil d'administration de la FPJQ se dotait d'une nouvelle résolution. En la lisant, je n'ai pu que penser à cette histoire des marchands de fouets relatée dans un bouquin de Nuala Beck

---

153 L'article complet : http://bit.ly/bisbille

paru dans les années 1990 et intitulé *La Nouvelle Économie*[154]. Imaginez-vous que l'industrie du fouet s'est vue grandement menacée quand les automobiles ont été inventées. Qui donc allait encore acheter des fouets quand il ne resterait plus de voitures à chevaux ? On a essayé de vanter, avec l'insuccès que nous savons, les avantages de rouler en carriole à une vitesse modérée et de fouetter gentiment un cheval pour avancer. De même, dans cette résolution, plutôt que de prôner le changement, la FPJQ souhaitait réaffirmer la distinction entre « journalistes professionnels, citoyens et autres communicateurs » et appuyer sur le fait que « l'information produite dans le respect des règles de déontologie des journalistes a davantage de valeur et de crédibilité[155] ». C'est ce qui s'appelle regarder l'avenir en face !

La FPJQ est toujours à l'ère paléolithique dans ses réactions, mais d'autres organismes plus innovateurs se posent de sérieuses questions quant à l'avenir des journaux et suggèrent des pistes positives pour traverser la tempête à laquelle la presse fait face partout dans le monde. Pas besoin de vous rappeler que le *New York Times* va maintenant vendre de la pub sur sa page frontispice[156] et que, dans Rue89.com, on apprenait dans un article intitulé « En 2008, l'info entre craquements et nouvelles aventures » que le *Christian Science Monitor* n'existerait dorénavant qu'en format numérique[157]. Quant à la vache à lait des journaux, la publicité, Geoff Ramsey, du blogue eMarketer, fait une analyse des chiffres et des tendances et conclut que les ventes de pub pour la presse écrite continueront leur décroissance : « Considérez le

---

154 Nuala Beck, *La Nouvelle Économie*, Éd. Transcontinental, Montréal, 1994, 132 p.
155 Un communiqué avait été émis à la suite de cette résolution : http://bit.ly/regles
156 L'article dans Business Insider : http://bit.ly/nytsells
157 Sur Rue89 : http://bit.ly/rue89presse

cas des journaux, dit-il, dont les revenus totaux plongent de 16 % en 2009, après une chute brutale de 16,4 % en 2008[158]. »

Toujours est-il que la Nieman Foundation for Journalism at Harvard, dans son Nieman Reports, publie un texte d'Edward Roussel, « *To Prepare for the Future, Skip the Present*[159] » (cité dans un tweet de Jeff Mignon), texte lumineux qui est pertinent autant pour la presse écrite que pour d'autres industries, où l'on peut lire :

> En ce moment, nous sommes plus obsédés par l'idée de sauver les journaux, ce qui se fait en grande partie au détriment de vrais enjeux, soit la planification adéquate du futur numérique des médias.

L'auteur y va de ses dix recommandations pour s'adapter au tsunami qu'on voit arriver. Je les traduis ici librement.

1. *Réduire le spectre*. Avant, les lecteurs se fiaient aux journaux pour obtenir de l'information sur un très large éventail de sujets. Internet permet maintenant à chacun de trouver des renseignements spécialisés selon ses intérêts. Spécialisez-vous et couvrez vos sujets en profondeur au lieu de vous étendre et de parler de tout.
2. *Branchez-vous aux réseaux*. Si vous ne pouvez faire mieux que ce qui se fait ailleurs sur le Web, mettez ces sites en lien. Les médias doivent se considérer comme participant à une chaîne de contenus plutôt que comme une destination finale. Les journalistes deviendront des filtres à influence et ajouteront de la profondeur aux contenus. Le futur du journalisme est de vendre de l'expertise, non du contenu.
3. *Les dates de tombée satisfont les éditeurs, pas les lecteurs*. Les nouvelles suivent un continuum et il est

---

158 Le billet sur eMarketer : http://bit.ly/geofframsey
159 Le texte complet du Nieman Reports : http://bit.ly/edwardroussel

important de s'adapter au trafic du Web. N'oubliez pas qu'il ne s'agit pas de faire de la primeur, AFP et Reuters le font très bien, mais plutôt d'ajouter de la valeur et de trouver les angles, d'échanger avec l'auditoire et d'intégrer du multimédia.

4. *Encouragez l'interaction.* L'explosion des blogues et des médias sociaux a créé une culture dans laquelle le consommateur s'attend à être inclus dans le traitement de la nouvelle. Ceux qui ne savent pas s'adapter à cette réalité seront perçus comme des organisations de second rang. Créez des fonctionnalités, permettez à vos lecteurs d'interagir, de partager des nouvelles, critiquez les services locaux comme les restaurants et les hôtels et entamez les discussions et les débats.

5. *Le pouvoir est en bas, et non en haut.* Les journalistes sur le terrain sont les plus près de vos lecteurs. Ils sont donc les mieux placés pour nourrir les communautés web. Observez ceux qui reçoivent le plus de courrier et vous constaterez qu'ils couvrent probablement un sujet précis comme le jardinage ou les conseils maternels plutôt que le sport ou la politique.

6. *Adoptez le multimédia.* Formez vos rédacteurs à utiliser la vidéo, les galeries de photos, les graphiques et la cartographie pour compléter leurs histoires. Une histoire sur un soldat au front en Afghanistan se raconte mieux avec une carte et des photos en plus du texte.

7. *Valorisez les structures peu coûteuses.* Les trois quarts des coûts de la presse écrite n'ont rien à voir avec le contenu éditorial. Ce sont les coûts de transport, d'impression, etc. Dans un univers numérique, nous avons l'occasion de remettre ces coûts en question et de sous-traiter les services non liés à la création de contenus. Si vos vendeurs ne savent pas comment vendre

de la pub numérique, laissez Google ou une firme de placement publicitaire web le faire.
8. *Investissez sur le Web*. Votre site web a besoin d'investissements pour rapporter. Les grands services comme les chemins de fer ou le téléphone ont pris des années avant d'être rentables. N'espérez pas que vos pertes publicitaires papier soient annulées instantanément par vos gains web.
9. *Brassez la cage de vos gestionnaires*. Les plus gros obstacles à la planification du changement sont les gestionnaires séniors, qui sont nostalgiques. S'ils ne sont pas passionnés par le futur numérique, ils auront beaucoup de difficulté à le matérialiser.
10. *Expérimentez*. Nous vivons une époque passionnante de l'histoire des médias. C'est une période permettant l'amalgame de la télédiffusion, du texte et des médias sociaux. N'ayez pas peur de l'échec et osez de nouveaux projets. Observez ce qui marche et construisez sur vos succès.

Beaucoup de journalistes, syndicats et exégètes des médias conspuent la convergence : « Ça va faire perdre des emplois, ça va diminuer la qualité et *tutti quanti*. » Mais, malgré ces prophètes de malheurs, une petite entreprise québécoise convergeant à qui mieux-mieux, avec une qualité reconnue par tous, a utilisé la convergence des médias sans que personne ne l'y force ; on en parle peu, mais c'est l'un des plus beaux succès de convergence au Québec. Il s'agit du journal *Voir*, qui s'est multiplié pour devenir un *Guide resto* apprécié et, plus récemment, une émission de télévision. Sans qu'on en fasse de cas, *Voir* a toujours eu une présence web parmi les plus efficaces des médias québécois. *Voir* a d'abord été un journal local et a ensuite été reproduit à la grandeur du Québec, mais chaque édition gardait sa couleur locale, et on les félicite pour cette spécificité des contenus.

Cette entreprise a aussi créé de nombreux jobs pour des journalistes dont plusieurs deviendront des références du métier. Je voulais juste leur faire une petite fleur comme ça, en passant...

Le journalisme de demain : le data journalisme
Si on appliquait tous les principes d'Edward Roussel, on obtiendrait ce qui se fait maintenant connaître comme le *database journalism*, ou data journalisme chez les Français.

Pour en savoir plus
Eric Mettou, « Pourquoi le *database journalisme* c'est l'avenir en marche », 7 avril 2010 : bit.ly/caftle
   Caroline Goulard, auteure du blogue Database journalism : databasejournalism.wordpress.com

Conclusion

Si Internet est le Viagra® des entreprises, les médias sociaux en sont le stimulant...

Vous vous demandez peut-être comment nous arriverons à accomplir ce virage en entreprise. Je conclus ce livre (la réflexion se poursuit sur mon blogue, comme toujours) avec un exemple qui ne date pas d'hier, mais qui démontre bien qu'il faut accepter le changement engendré par le Web et bâtir un pont entre les générations.

En 1994, le président de General Electric, Jack Welch[160], disait (je traduis librement[161]) : « Je n'ai pas besoin d'un ordinateur, je ne saurais pas quoi faire avec. » Cinq ans plus tard, à la question « Quel est le rang de priorité que vous accordez à Internet dans votre stratégie d'affaires ? », sa réponse avait grandement changé : « C'est ma priorité numéro un, deux, trois et quatre. »

Ce n'était pas tout, il a continué ainsi :

---
160 fr.wikipedia.org/wiki/Jack_Welch
161 Slywotzky, Adrian J. et al., *How Digital is Your Business?*, éd. Crown Business, 2000, p. 199

Ça changera la relation avec les clients... Rien ne pourra plus être caché dans de la paperasse... l'exécution est vraiment importante. Chaque erreur que vous faites est transparente, sur le Web.

Ça changera les relations avec les employés. Nous ne pourrons plus jamais avoir des discussions alors que la connaissance est cachée dans la poche arrière de quelqu'un. Nous devrons gérer avec des idées, pas en tentant de contrôler l'information.

Ça changera les relations avec les fournisseurs. Dans dix-huit mois, tous nos fournisseurs nous approvisionneront par le Web ou ils ne seront plus nos fournisseurs.

Avant de prendre sa retraite, en 2001, M. Welch affirma qu'Internet était le « Viagra® des affaires ». En quelques années, il a fait prendre un tournant décisif à GE, tournant qui se fait encore sentir aujourd'hui. En 1999, le premier courriel de Welch à ses gestionnaires de haut niveau disait : « Déployez des jeunes de moins de vingt-cinq ans avec la tâche unique d'identifier comment Internet pourrait détruire les affaires existantes de GE. »

Chaque unité d'affaires engagea donc entre trois et sept experts de commerce électronique qui devaient se rapporter régulièrement au président. Leur tâche était de repérer chacun des modèles d'affaires de l'entreprise et de déterminer lesquels représentaient une menace pour celle-ci afin de développer de nouveaux modèles d'affaires plus compétitifs. C'est une opération qu'il a appelée « *destroy your business* » et qui est par la suite devenue « *grow your business* ».

Je me suis souvent demandé ce que ferait Jack Welch aujourd'hui avec les médias sociaux. Une réponse à cette question est certainement dans la culture d'entreprise qu'il a insufflée à GE. En 2009, GE a implanté un Tweet Squad[162]. On a donc jumelé dix jeunes employés avides de médias

---

162 Pour lire mon billet complet sur le Tweet Squad de GE : http://bit.ly/tweetsquad

sociaux avec des gestionnaires de haut niveau issus des générations X et baby-boomers. Ce sont ainsi les jeunes qui sont devenus les mentors des plus vieux.

Quand je vous disais que le changement vient de la base... C'est le genre d'exemple qui peut certainement inspirer un utilisateur, marketeur, relationniste, publicitaire, journaliste, patron d'entreprise ou beau-frère à devenir plus performant et à l'aise avec cette nouvelle réalité, qui n'a pas fini de changer bien des choses...

Lexique

Agrégateur — Un agrégateur (de l'américain *aggregator*) est un logiciel qui permet de suivre plusieurs fils de syndication en même temps.
Source : fr.wikipedia.org/wiki/Agrégateur

Antéchronologie — Affichage d'information de la date la plus récente à la plus ancienne. Les curriculum vitae sont souvent antéchronologiques, comme les blogues d'ailleurs.

Balladodiffusion — Terme proposé par l'Office québécois de la langue française pour désigner ce qu'on appelle en anglais le *podcast,* consistant en une émission de radio diffusée sur le Web sous la forme d'un fichier mp3 que l'on peut télécharger et écouter à sa guise.

Blogue — À la fin des années 1990 est arrivée une nouvelle forme de publication web personnelle, le *Web Log* ou *weblog,* qui signifie en français une entrée ou un billet publié sur un support web. De *Weblog,* la contraction vers *blog* s'est vite faite. Au Québec, quand le phénomène a pris de l'ampleur, le mot « blogue » a été retenu, ainsi que les expressions « carnet web » ou « cybercarnet », alors qu'en France il a été accepté dans sa graphie anglaise. Le blogue a comme particularité d'être antéchronologique, donc de présenter en accueil le billet le plus récent (ou l'entrée la plus récente), et d'offrir aux lecteurs la possibilité de répondre à un billet. Cela en fait donc un outil 2.0 et un média social.

Cache de Google — Lorsqu'une nouvelle page apparaît sur le Web, elle est vite « repérée » par Google et stockée sur un serveur. Si vous modifiez un document ou retirez une page, le lien qui apparaîtra dans les résultats de la requête Google mènera à une page inexistante. Toutefois, l'internaute rusé pourra choisir la version « en cache » au bas de la recension et ainsi accéder à la version sauvegardée par Google. Ce cache disparaîtra quelques jours ou quelques semaines plus tard, à moins que vous ne vous assuriez de rediriger les robots de Google sur votre page d'accueil. Pour en savoir plus, vous pouvez consulter le centre d'aide aux webmestres de Google.
Source : www.google.com/support/webmasters

CMS — Les systèmes de gestion de contenu ou SGC (en anglais *Content Management System* ou CMS) sont une famille de logiciels destinés à la conception et à la mise à jour dynamique de sites web ou d'applications multimédia. Un CMS peut être développé par une firme qui le vendra aux utilisateurs ou par un organisme qui ne fera pas payer le droit d'auteur pour son code.
Source : fr.wikipedia.org/wiki/Système_de_gestion_de_contenu

CMS *open source* — Système de gestion de contenu créé à partir d'un logiciel de source libre, donc qu'on rend disponible gratuitement en permettant qu'il soit modifié ou redistribué selon une license GNU GPL — on dira qu'il est *open source*. Les entreprises qui créent ces logiciels sont très souvent des organismes à but non lucratif. Le fait d'avoir un logiciel de source ouverte n'a rien à voir avec la sécurité des données du site.

CMS propriétaire — Système de gestion de contenu créé par une firme privée et souvent vendu ou loué à l'utilisateur par le créateur.

Collecta — Outil de recherche en temps réel dont la page d'accueil (collecta.com) permet de voir, en un coup d'œil, les sujets les plus consultés sur le Web.

Cybersquattage — Pratique consistant à enregistrer un nom de domaine qui correspond à l'identité d'une marque ou d'une personne connue dans le but d'en recueillir le trafic. Avant que l'ICANN (Internet Corporation for Assigned Names and Numbers, www.icann.org) ne mette un peu d'ordre dans ce dossier et prescrive la remise des adresses qui se rapportent au détenteur d'une marque, il n'était pas rare que des entreprises ou personnalités n'ayant pas enregistré les différentes extensions liées à leur nom («.com», «.org» ou autre) s'aperçoivent que celles-ci avaient été achetées par un tiers, qui se servait de leur réputation pour attirer des visiteurs.

Dailymotion — Voir la définition au chapitre 1 « La petite histoire du Web et des médias sociaux », dans la section « Quelques vedettes parmi les outils sociaux ».

Delicious — Delicious.com, propriété de Yahoo!, propose gratuitement un service de classification et de partage de vos pages favorites. Dans ce *social bookmarking*, un « réseau social de pages favorites », vous pourrez « taguer » vos pages web préférées qui « s'organiseront » et se retrouveront à un endroit précis afin que vous puissiez en utiliser une version mobile et voir ce que vos contacts partagent.

Digg (ou Like) — Digg.com est un site web communautaire de *social bookmarking* qui permet de coter les billets ou vidéos à l'aide de l'application « Digg » (en anglais, *to dig something* signifie « aimer quelque chose »). Les cotes les plus populaires se retrouvent sur la page d'accueil de Digg. Facebook a repris ce concept avec le bouton « Like », que l'on peut apposer sur des billets de blogues afin que les visiteurs cliquent pour marquer leur appréciation.

DNS — *Domain Name Server* ou « serveur de nom de domaine » ; c'est le serveur qui redirige vers l'adresse d'un site web.

Extranet — Réseau d'information sécurisé entre des entreprises, des collaborateurs ou des partenaires d'affaires qui utilisent le protocole Internet comme réseau de transmission. On peut accéder à ce réseau à l'aide d'un mot de passe, et ce, peu importe où l'on se trouve.

Facebook — Voir la définition au chapitre 1 « La petite histoire du Web et des médias sociaux », dans la section « Quelques vedettes parmi les outils sociaux ».

Fil ou flux RSS — Fichier dont le contenu est produit automatiquement (sauf cas exceptionnels) en fonction des mises à jour d'un site web. Les flux RSS sont souvent utilisés par les sites d'actualité ou les blogues pour présenter les titres des dernières informations ou des derniers billets consultables en ligne.
Source : fr.wikipedia.org/wiki/Flux_RSS

Flash — Logiciel conçu par Adobe, créateur également d'Acrobat (le logiciel de création et de lecture de PDF), qui sert à créer et à lire des animations. Flash permet la création de graphiques vectoriels et de bitmap animés (un format d'image) par un langage script appelé ActionScript, et la diffusion de flux (*streams*) bidirectionnels audio et vidéo. Les fichiers Flash ont l'extension « .swf » et peuvent être lus avec

le lecteur Flash de votre navigateur. Ce logiciel est souvent utilisé pour la création de pages d'accueil animées, et puisque Google ne peut lire ces images, le référencement du site peut en souffrir grandement.
Source : fr.wikipedia.org/wiki/Adobe_Flash

Flickr — Voir la définition au chapitre 1 « La petite histoire du Web et des médias sociaux », dans la section « Quelques vedettes parmi les outils sociaux ».

Foursquare — Réseau social qui permet, grâce à son application mobile, de signaler à ses contacts l'endroit où l'on se trouve en temps réel. En créant un compte gratuitement, on peut télécharger une application mobile et selon le nombre de fois où on signale sa présence dans un lieu par un *check-in*, Foursquare nous donne des niveaux de qualification ; les meilleurs clients d'un commerce peuvent en devenir le « maire ». Les usagers peuvent également ajouter leurs commentaires et recommandations sur un commerce.

Friendfeed — Le site Friendfeed.com permet de suivre les interactions de ses amis sur Twitter, Facebook et Google. En créant un compte sur ce site avec ses contacts, on peut suivre leurs conversations sur différentes plateformes et y participer via Friendfeed.

GNU, GPL — GNU est un acronyme qui se prononce « gnou », comme l'animal. GPL, de *General Public Licence*, est une licence d'utilisation publique.
Source : fr.wikipedia.org/wiki/GNU

HTML — HTML est l'acronyme de *Hypertext Markup Language* ou, en français, « langage de balisage hypertexte ». Avec ce langage, on peut, en utilisant des balises, créer une page web et y mettre des hyperliens, des photos, etc. Par exemple, en HTML, si on veut mettre le mot « livre » en

italique, on utilise les balises <i>livre</i>. Ainsi, il y a toujours une balise qui marque le début d'une action et une seconde avec une barre oblique qui indique où elle se finit. Pour les fonctions de base, il existe sur le Web de nombreux lexiques de balises.
Source : fr.wikipedia.org/wiki/HTML

Hyperlien — Lien vers une autre adresse internet « active », que l'on place dans un texte en ligne. Ainsi, en cliquant sur un mot hyperlié à une adresse, on atteindra la page web ou le contenu (photo, vidéo ou autre) correspondant à cette adresse.

Intranet — Réseau informatique privé, souvent lié à une entreprise utilisant le protocole Internet. Sur Wikipédia, on explique que l'Intranet est un réseau internet qui lie les employés d'une organisation et qui permet également de diffuser des nouvelles internes et des politiques de la compagnie, bref tout ce que les ressources humaines et les communications internes diffusent habituellement aux employés. Avec un réseau Intranet, on peut aussi intégrer des fonctions 2.0, créer des blogues d'employés, faire des sondages et stimuler la rétroaction.
Source : en.wikipedia.org/wiki/Intranet

LinkedIn — Voir la définition au chapitre 1 « La petite histoire du Web et des médias sociaux », dans la section « Quelques vedettes parmi les outils sociaux ».

Mashup — Dans le chapitre 2 sur l'entreprise, je dis à propos du *mashup* que j'aime bien traduire ce terme par « pâté chinois » : steak, blé d'Inde, patates. C'est un site web ou une application dont le contenu provient de plusieurs sources d'information. On utilise aussi le terme en musique et dans les arts médiatiques, quand plusieurs sources sont mises en commun pour créer une œuvre.
Source : fr.wikipedia.org/wiki/Mashup

Microblogage — Le blogage est l'activité de produire des billets, présentés en ordre antéchronologique sur une plateforme web. Dans le même esprit, le microblogage est l'activité de bloguer, mais de manière restreinte, avec un nombre limité de caractères. Pensons au réseau social web Twitter, qui permet de publier des commentaires comptant un maximum de 140 caractères.

Mix-médias — Optimisation du choix des médias utilisés pour une campagne publicitaire. Le choix se fait à partir de leurs caractéristiques (puissance, capacité de ciblage, efficacité publicitaire, cadre juridique…) et de leur capacité à répondre à meilleur coût aux objectifs de la campagne. Un mix-médias joue également sur les complémentarités et synergies qui existent entre différents médias.
Source : www.definitions-marketing.com/Definition-Mix-media

Mix-marketing — C'est le modèle des « 4P », pour « produit », « prix », « publicité », « distribution » ou *placement* en anglais.
Source : fr.wikipedia.org/wiki/Mix-marketing

Mix-marketing étendu — Même si le modèle « 4P » est une répartition arbitraire de l'analyse marketing, certains auteurs ajoutent d'autres dimensions comme le client ou encore, plus récemment, le « P » de participation, issu des techniques du Web 2.0 et particulièrement du Marketing 2.0. Des critiques sont aussi émises par d'autres experts qui considèrent que certains points de ce modèle ne concernent que les produits et services pour les particuliers.
Source : fr.wikipedia.org/wiki/Mix-marketing

MySpace — Voir la définition au chapitre 1 « La petite histoire du Web et des médias sociaux », dans la section « Quelques vedettes parmi les outils sociaux ».

Name squatting — Un peu de la même manière que le cybersquattage, le *name squatting* consiste à enregistrer un nom de domaine en usurpant l'identité d'une personnalité à des fins personnelles. Il peut s'agir, par exemple, d'utiliser le nom d'une vedette sur son site ou son blogue afin d'avoir plus de trafic, ou encore de créer un compte sur un média social ou un groupe Facebook à ce nom pour promouvoir d'autres pages ou d'autres produits. Des exemples sont donnés dans le chapitre 4 sur les rapports interpersonnels.

OneRiot — Oneriot.com se dit l'outil numéro un de la recherche en temps réel et communique les contenus les plus populaires partagés par les usagers.

PDF — Cet acronyme se lit en anglais : *portable document format*, ce qui signifie un document en format transférable. Le PDF permet donc de transférer un document tout en conservant son format original avec ses polices et sa mise en page, peu importe la plateforme de l'utilisateur qui ouvrira le document.
Source : fr.wikipedia.org/wiki/Portable_Document_Format

Photoblogue — Blogue où chaque entrée est constituée d'une photo.

Plateforme — En informatique, la plateforme est le système d'exploitation de votre ordinateur, par exemple Linux ou Windows. Quand on parle de la plateforme web, le concept s'élargit en incluant les logiciels utilisés tout comme les infrastructures de connectivité.

Pull marketing/Push marketing — La stratégie *pull* consiste à communiquer à l'attention du consommateur final (ou du prescripteur) en utilisant, notamment, la publicité pour

l'attirer vers le produit. La stratégie *push*, quant à elle, vise à pousser le produit vers le consommateur, à l'aide de la force de vente, de la promotion et/ou en stimulant les intermédiaires de la distribution.
Référence eMarketing : http://bit.ly/pullpush

Retweeter — Action de renvoyer, via Twitter, dans un réseau d'abonnés, les propos et/ou le lien qu'un autre twittereur a publiés. Il suffit de mettre l'indicatif (le nom de compte précédé du « @ ») et le « RT » avant l'adresse, ou d'utiliser simplement le bouton « Retweet ». On peut retweeter pour différentes raisons : parfois car on ne saurait mieux dire ou simplement pour appuyer les dires d'un autre, ou pour ajouter un commentaire (dans ce cas, on le fait manuellement avant le « RT@xxxx »). Les raisons et les motivations du « RT » s'enrichissent à mesure que les usagers en créent de nouvelles.

Scoopler — Scoopler.com est un outil de recherche en temps réel qui permet de voir ce que les gens partagent via Twitter, Digg, Delicious ou Flickr.

Second Life — La définition de Wikipédia de cet univers virtuel précise que « Second Life est à la fois un jeu et un réseau social. C'est un espace de rencontre où s'expriment les engagements sociaux et politiques de manière libre et internationale ; les débats, expositions, conférences, formations, recrutements, concerts, mariages sont des événements courants sur Second Life ».

Slideshare — Voir la définition au chapitre « La petite histoire du Web et des médias sociaux », dans la section « Quelques vedettes parmi les outils sociaux ».

Social hacking* ou *Social engineering — Méthode de *hacking* basée sur la naïveté des gens et qui a pour but de leur soutirer des informations. Prendre une autre identité

pour berner les gens ou en obtenir des bénéfices est du *social hacking*. On peut aussi utiliser cette technique à bon escient pour démasquer un criminel qui utilise les réseaux sociaux ou le courriel pour perpétrer ses crimes.
Inspiré du lexique : fr.thehackademy.net/glossary.php

Spam — Courriel non désiré et généralement envoyé dans le but de faire de la promotion.

Splash screen — En jargon informatique, un *splash screen* (traduction littérale : « écran d'éclaboussure » ; en français, on devrait dire « page de garde » ou « fenêtre d'attente ») est la toute première fenêtre affichée par un logiciel.
Source : fr.wikipedia.org/wiki/Splash_screen

Tag — Mot clé utilisé pour identifier un sujet dans un texte, une photo, une vidéo ou un billet de blogue.

Téléphone intelligent — Nouveau type de téléphone qui permet de naviguer sur Internet et qui cumule plusieurs des fonctions d'un ordinateur. Par exemple, le iPhone ou les Androïds (Nexus de Google, entre autres) sont des téléphones intelligents.

Threadless — Compagnie de t-shirts décidant des orientations de ses produits en partenariat avec la communauté web threadless, soit des artistes, clients et autres qui votent pour les différentes options. Threadless devient ainsi un réseau social de consommateurs.

TI — Pour « technologies informatiques », d'où l'appellation TI pour les départements d'informatique des entreprises.

Toile ou Web — Dès les débuts d'Internet, on a commencé à parler du WWW, de *World Wide Web* (*Web* comme dans la toile d'araignée à laquelle ressemblent les réseaux en ligne) ; en français, cette expression est devenue « la Toile ».

Lexique

Topsy — Outil de recherche basé sur Twitter qui diffuse des documents dans le contexte des conversations autour de leur diffusion. Ainsi, vous pouvez voir combien de fois le lien a été diffusé, commenté et repris sur Twitter. À chaque document sont rattachées des statistiques qui permettent de suivre les conversations.

Tumblr — Tumblr.com est une plateforme de blogage qui privilégie le style court et se veut extrêmement facile à utiliser. Elle permet de créer un compte rapidement afin de partager des photos, de courts billets, des liens, des vidéos, des extraits de clavardage (*chat*) et d'obtenir des votes pour chaque publication.

Tweet — Microbillet publié sur Twitter.

TweetMeme — TweetMeme.com recense les liens les plus partagés sur Twitter. Au départ, le « Meme », en anglais comme en français, référait à l'imitation. Avant l'avènement des grands réseaux sociaux, les blogueurs publiaient de façon régulière des « memes » sous formes de questions ou de billets à produire sur un thème particulier, où ils interpellaient d'autres blogueurs, les invitant à participer. Le « meme » pouvait ainsi circuler pendant quelques jours et était parfois identifié par exemple comme un « meme du mardi » ou était relié à un événement. La même chose est applicable au microblogage ; de nouveaux « memes » sont créés régulièrement sur Twitter.

Twitpic — Service qui permet de publier des photos sur Twitter à partir du site twitpic.com, d'un téléphone ou d'une application internet.

Twitter — Plateforme de microblogage apparentée à un fil de nouvelles où les usagers créent des comptes, s'abonnent à d'autres comptes pour en suivre les mises à jour et sont suivis par des abonnés.

Twittertrash — En français, cette expression se traduirait littéralement par « salissage Twitter ». Il s'agit donc de médisances ou de critiques à l'endroit de personnes ou d'entreprises publiées sur Twitter.

Twittfight — En français, cette expression serait « un combat ou une chicane sur Twitter ». C'est une dispute entre deux ou plusieurs usagers de Twitter qui se fait à la vue des autres usagers.

URL — Selon l'encyclopédie Wikipédia, URL est l'acronyme de *Uniform Resource Locator*, soit un localisateur standard de ressources. En pratique, c'est une adresse internet. En français, on dira « une URL ».

Veille — Processus selon lequel on suit ce qui se dit sur un sujet en particulier. De là l'expression « faire une veille médiatique », qui signifie que l'on analysera les médias pour trouver tous les articles qui mentionnent un mot ou un nom.

Viadeo — Voir la définition au chapitre 1 « La petite histoire du Web et des médias sociaux », dans la section « Quelques vedettes parmi les outils sociaux ».

Vlog — Contraction du mot « vidéoblogue », c'est un blogue qui diffuse en guise de billets des vidéos.

Webinaire — Séminaire diffusé en direct sur le Web ou mis en ligne par la suite.

Webmarketing — Marketing dont les stratégies sont orientées pour atteindre leurs cibles en utilisant le Web.

Wiki guide — Guide ou manuel présenté sous forme de Wiki, donc collaboratif et évolutif, et pouvant être mis à jour et commenté par des usagers.

Wordpress MU — Wordpress MU est une version plus élaborée de la célèbre plateforme de blogage Wordpress, que l'on peut utiliser aisément afin de créer un blogue. La version MU permet de créer des magazines en ligne qui incluent un nombre illimité de blogues avec des comptes d'usagers ayant des paramètres d'utilisation différents.

YouTube — Voir la définition au chapitre 1 « La petite histoire du Web et des médias sociaux », dans la section « Quelques vedettes parmi les outils sociaux ».

Vous en voulez encore ?

Wouhouhou !

Lisez ce flashcode avec votre téléphone intelligent. Pour ce faire, installez une application de lecteur flashcode à partir de : http://bit.ly/applicationflashcode

Pas de téléphone intelligent ? Pas grave.
www.edlogiques.com/sauce-spaghetti.aspx

Remerciements

Un gros *high five* à Nadia Seraiocco, qui a fait un travail colossal de recherche, d'adaptation et d'amélioration des textes de mon blogue pour constituer ce livre. Merci à Bruno Guglielminetti pour les gentils mots de la préface et un très gros bisou à toute l'équipe du Groupe Librex et des Éditions Logiques pour le travail d'édition, pour la confiance, la bonhomie et l'enthousiasme qu'ils ont démontrés pour ce projet.

Michelle Blanc

Cet ouvrage a été composé en Archer 11,5/14
et achevé d'imprimer en août 2010 sur
les presses de Marquis imprimeur, Québec, Canada.

certifié — procédé sans chlore — 100 % post-consommation — archives permanentes — énergie biogaz

Imprimé sur du papier 100 % postconsommation,
traité sans chlore, accrédité Éco-Logo et fait à partir de biogaz.